雷升祥　李文胜　李 庆　丁正全　周 彪　编著

·上海·

ETERNITY
Calvin Klein
Burberry
Burberry
Celine
Celine
Club Monaco
Club Monaco

Semi-Anchors
Semi-Anchors
Semi-Anchors

序

FOREWORD

城市地下空间的开发利用进入新阶段,更加注重优化国土空间格局,集约化利用开发,构建多中心、网络化、开放式、高质量发展新格局;更加注重安全韧性、绿色低碳、智能建造、智能运维。人们对城市地下空间内部品质的认识从传统的空气、温度、湿度等物理因素逐步提升到安全感、空间感、艺术感等感受因素,因此,在多方论证、谨慎决策的同时,对地下空间的开发利用需要有完整的技术理论给予支持,需要深入研究人与地下空间品质互相影响的方方面面,探究人在地下空间中的生理与心理的反应,形成量化分析与评价的体系。建立这样一个比较完善的评价体系,有利于促进地下空间开发利用朝着新理念、新格局、新目标迈进;以评促建,建设高质量地下空间,满足人民对美好生活的向往。

城市地下空间品质评价涉及多专业交叉融合,国内外均处在探索阶段,我很欣喜地看到中铁建、铁四院、同济大学等单位编制了本书。本书以构建城市地下空间品质评价体系的核心内容为基础,将品质评价的发展缘由、架构体系、智能评价方案娓娓道来,并收纳了作者的实践案例,是国内城市地下空间品质评价方面具有独创性的著作,对提高我国城市地下空间品质、实现“以评促建”具有重要的参考价值。

因此,我真诚地向广大城市建设工作者推荐此书,并祝愿读者们有所收获。

中国工程院院士
深圳大学土木与交通工程学院院长
深圳大学未来地下城市研究院创院院长
2022 年 6 月

前　言

PREFACE

随着我国城市化及区域一体化进程的不断推进，城市人口、资源及环境间矛盾日益凸显，势必要求在城市建设及更新过程中更多地发挥地下空间的作用，并推动地下空间朝“网络化、立体化、集约化、深层化、综合化”方向发展，增强地上地下一体化，缓解我国日益严重的“城市病”。

然而，地下空间开发及利用仍面临诸多难题。首先，地下空间建设具有极强的不可逆性，建设风险大，空间网络构建与更新改造困难，在城市规划设计中如何统筹规划、建设和运维各阶段，兼顾长远，确保规划设计的科学合理性极具挑战。此外，由于地下空间与地面空间的天然隔绝，地下空间自然采光不足、自然通风欠缺，在艺术处理手法方面存在先天不足，易给人带来压抑和封闭的感觉，导致使用者情感上出现“陌生”和“趋离”的倾向，因此，建设满足人民对美好生活向往的空间也极具挑战性。

正如习近平总书记在考察上海城市更新工作中所提出的人民城市的理念，解决上述矛盾的出路在于提升地下空间品质，打造人民满意的空间体系，践行“人民城市人民建，人民城市为人民”的理念，促使资源与人流在地上及地下合理分布，加强城市功能在地上地下的和谐统一。为此，中铁建、铁四院、同济大学等单位，在开展“城市地下大空间安全施工关键技术研究”等国家重大科研项目过程中，就如何践行人民城市理念、如何提升地下空间品质，上下求索，以促进城市的和谐发展。

笔者认为，建设高品质地下空间的第一要务是贯彻“以人为本”的理念，以满足人的美好感受为宗旨，提升地下空间安全度、舒适度、便捷性。安全度即坚持“安全第一、生命至上”的原则，建设安全、韧性的地下空间，同时提升使用者在地下空间的舒适度，提高地上地下通行的便捷性，引导人流朝地下空间拓展，以提升地下空间“人气”。在此前提下，还需兼顾地下空间开发对社会经济的可持续发展作用，发挥和提升地下空间的服务功能，提高地下空间建设的可推广水平。同时，还需提升地下空间节能、环保等绿色水平，促进社会与环境的协调发展，达到人与自然的和谐统一。

为更好更快地推动高品质地下空间的发展，借鉴国内外绿色建筑项目的成功经验，中铁建、铁四院和同济大学联合着手制定城市地下空间品质评价体系，以期以评促建，提升城市地下空间品质，这也是笔者撰写本书的初心与使命。本书回顾了城市地下空间开发及理念发展的过程，明确了城市地下空间品质的定义与内涵，提出了城市地下空间品质评价体系及标准。同时，为提高舒适度等感知指标的定量化评价水平，本书还引入了机器学习等智能化方法，并提供了诸多案例，这也是本书的一大亮点。

本书在成书过程中，得到了邹春华、张扬、许洋等人的大力支持，研究生易成敏、桂颖彬等为相关评价指标的制定和方法的提出做出了诸多努力，特别要感谢陈湘生院士、李术才院士、朱合华院士，宋胜武、郭熙灵、黄理兴、陈志龙、朱丹、王华牢、董贺轩、李占先、王震国、周辉、覃斌、徐速超、闫晓鸣、王秀志、陈鸿、张孟喜、朱翔华、汤宇卿等专家学者提出的宝贵意见。希望本书可以为城市地下空间的品质提升提供借鉴和帮助。然而，地下空间品质涉及面广，对此问题还需进一步深入了解与研究，故本书存在不足之处在所难免，敬请读者批评指正。

编著者

2022 年 5 月

目　录

CONTENTS

序

前言

第 1 章　引言

1.1 城市地下空间建设与发展 2

1.2 建筑与空间评价方法研究 3

第 2 章　城市地下空间品质评价指标体系

2.1 品质评价指标体系历程 8

2.2 品质评价对象及等级划分 9

2.2.1 评价对象 9

2.2.2 评分组成及等级划分 10

2.3 品质评价指标体系 11

2.3.1 以人为本品质评价指标 11

2.3.2 可持续发展品质评价指标 15

2.3.3 指标权重 17

2.4 评价流程 19

2.4.1 资料收集及准备 19

2.4.2 现场考察及初评 20

2.4.3 评价反馈及综合评估 ………… 20
2.4.4 报告编制及专家论证 ………… 20

第3章 城市地下空间以人为本品质评价指标体系

3.1 安全度指标 ………… 22
3.1.1 场地及结构体系安全度 ………… 22
3.1.2 空间布局与疏散体系安全度 ………… 25
3.1.3 设施设备及防灾体系安全度 ………… 30
3.1.4 救援及应急保障体系安全度 ………… 32
3.2 舒适度指标 ………… 35
3.2.1 空间形态舒适度 ………… 35
3.2.2 生理环境舒适度 ………… 37
3.2.3 功能与服务舒适度 ………… 40
3.2.4 审美体验舒适度 ………… 43
3.3 便捷性指标 ………… 46
3.3.1 外部连通可达性 ………… 46
3.3.2 内部连通可达性 ………… 49
3.3.3 连通体系可达性 ………… 51
3.3.4 组织管理便利性 ………… 54

第4章 城市地下空间可持续性品质评价指标体系

4.1 质量评价 ………… 58
4.1.1 工程质量管控 ………… 58
4.1.2 过程质量管控 ………… 60

4.1.3 智能化及系统化控制 61
4.2 效益评价 63
4.2.1 社会效益 64
4.2.2 经济效益 66
4.3 绿色评价 68
4.3.1 环境效益 68
4.3.2 资源节约 69
4.3.3 设备可更新 72

第 5 章 城市地下空间品质智能评价方法

5.1 智能评价方法现状 76
5.2 地下空间视觉舒适度智能评价 77
5.2.1 地下空间视觉舒适度评价指标 77
5.2.2 地下空间视觉舒适度标注方法 79
5.2.3 地下空间视觉舒适度数据集构建 85
5.2.4 地下空间视觉舒适度评价算法 86
5.2.5 舒适度智能评价流程 90
5.3 地下空间便捷性智能评价 91
5.3.1 空间句法分析理论 91
5.3.2 空间句法简化方法 93
5.3.3 便捷性空间句法指标及分析平台 95
5.3.4 便捷性评价方法与流程 98
5.4 智能评价典型案例 107
5.4.1 基于地下空间智能评价的舒适度评价 107
5.4.2 基于空间句法的便捷性评价 108

第 6 章 城市地下空间品质评价案例实践

6.1 武汉光谷综合体地下空间 ………… 118
6.2 上海五角场地下空间 ………… 134
6.3 武汉轨道交通 7 号线徐家棚站 ………… 152
6.4 湖南贺龙体育馆·城市生活广场 ………… 164
6.5 武汉匠心汇地下商业街 ………… 178
6.6 北京师范大学昌平校区中心地下区 ………… 190

第 7 章 城市地下空间品质评价平台及虚拟场景品质评价

7.1 数据构建 ………… 198
7.2 数据平台 ………… 199
7.3 数据归集与分析 ………… 202
7.4 用户归集与分析 ………… 207
7.5 雄安新区东西轴线地下空间示范工程场景品质评价 ………… 208
7.6 南京南部新城中片区地下空间场景品质评价 ………… 213
7.7 武汉光谷综合体地下空间场景评价 ………… 218

参考文献 ………… 222

第1章 引　言

1.1 城市地下空间建设与发展

城市地下空间建设以1863年伦敦市建设投入使用的首条地铁开通作为标志，开启了其探索和建设的历程。总体而言，地下空间的开发已由大型建筑的地下单体开发，渐渐地发展为地下综合体的开发，进而进入地下城阶段，并逐渐注重"以人为本"理念和地下空间综合功能的实现[1,2]，诞生了诸如日本东京的六本木老城区更新工程[3]、新宿车站立体网络化改造及综合开发、八重洲地下街[4,5]，法国巴黎拉德芳斯[6]，加拿大蒙特利尔及多伦多地下城等经典案例。

国内的地下空间开发利用一开始是出于人防工程的需要，后改为平战结合的用途，此后经历了与城市建设结合的高速发展时期。具体而言，1950—1977年，地下空间开发处于人防工程阶段，地下空间开发缺乏相关规范和技术，工程的质量不高；1978—1987年，地下空间开发处于平战结合阶段，地下空间开发的形式和布局较为简单；1987—1997年，地下空间开发进入与城市建设结合的阶段，城市地下空间的规划理念转化为提高城市发展的综合效益。

此后，地下空间发展进一步加快，得益于开发利用地下空间是有效缓解交通拥堵、用地资源紧缺以及提供灾难躲避场所的一个战略措施。对地下空间的系统研究大体始于1999年，由中国科学院牵头开展关于地下空间开发利用战略的相关课题，其中包括由多名院士组成的领导小组，针对上海、长沙、北京等14座城市、42个项目进行调研，以探讨中国地下空间大规模开发的基本条件、经济可行性以及技术可操作性问题。同年，在21世纪地下空间开发利用战略大会上，包括钱七虎等在内的4位院士提出，城市地下空间开发的意义在于能够一次实现缓解土地紧张、改善整体环境、疏散道路拥堵、利于战备状态四个目标[7]。根据中国国情，中国的经济增长以及城市化进程的指导理念是密度大、效率高、节能环保、智能现代化。建筑和城市空间集约化具有相互渗透、延续、复合的需求，进行城市空间形态结构的系统性、立体性的发展是目前的趋势。其中，立体开发是指同时开展地下、地上利用，形成具有连续性、流动性的空间系统[8]。

在地下空间开发过程中，相关理论也在不断成型和发展。2005年，童林旭[9]在其文献中提到，城镇地下空间的开发与利用，与现代化建设存在紧密联系。王玉北等[10]借鉴生态学基础理论知识，就生态地下空间的发展与建设展开探讨，并提出需求趋势预测，将网络化地下空间列为未来的主要发展方向，作为研究的热点，形成网络化地下空间与生态地下空间的开发理念。2006 年，童林旭等[11]初步构建起地下空间控制性具体规划的理论和评价指标体系，为近几年中国开展的大规模地下空间实践打下坚实全面的基础。2007 年，束昱等[12]在研究国家相关行业标准的前提下，考虑当前已有的 20 多个地下空间规划的实践项目，依据国家基本政策以及“两型社会”的发展趋势，有效融入当前新概念、新技术，初步建立起“城市地下空间和谐发展”的相关理论体系。2007 年末，中国城市地下空间发展论坛在中国上海正式举行。大会上提出，21 世纪是地下空间开发的最佳时期。就建筑发展历史而言，20 世纪是地面建筑的黄金时期，19 世纪则是桥梁建设的辉煌时期。根据查阅相关资料与时间发展的结果来看，利用地下空间的开发获取更多的空间、土地以及资源的需求已经是不可逆转的城市化进程步骤[13]。2010 年，由束昱带领的研究团队，初步构建出一个相对完整的“地下空间低碳规划”的框架[14]。其核心理念为和谐发展，即协同资源、生态、环保、安全、时间、地理位置、功能用途、经济效益等多个方面与维度，构建相应的协调关系，以实现集约化、综合性、全面性的地下空间发展，有效推动社会经济和谐发展。

近几年，日渐扩大的地下空间开发需求、主客观开发条件的完善，使得我国地下空间进入大规模开发阶段，城市地下空间开发正朝着“网络化、人性化、集约化、深层化、综合化”方向发展。特别是“以人为本”“可持续发展”及“品质化发展”等理念在具体实践过程中逐渐被强化，催生了包含地下商业设施、地下市政设施、地下交通设施、地下仓储物流设施、地下综合防灾设施、地下文娱体育设施、地下公共步行设施快速发展，诞生了上海虹桥枢纽、五角场和静安寺地下改造工程以及深圳罗湖口岸改造工程等成功的案例，促进了我国集约型经济的持续创新以及规划理论发展[15]。

1.2 建筑与空间评价方法研究

国内外为推进“以人为本”“可持续发展”等理念在建筑中的应用，提高建筑可持续发展水平，制定了诸多绿色建筑评价体系，相关做法值得地下空间品质化建设借鉴，主要包括：《绿色建筑评价标准》(中国)、WELL(美国)、LEED(美国)、BREEAM(英国)、CASBEE(日本)、HQE(法国)、DGNB(德国)、GREEN MARK(新加坡)、HKBEAM(香港)、Green Globes(加拿大)等。其中，《绿色建筑评价标准》[16]、WELL[17]、LEED[18]、CASBEE[19]、BREEAM[20]、HQE[21]、DGNB[22]备受关注。

《绿色建筑评价标准》在总结国内各地建筑经验和借鉴国际先进理念的基础上，针对土地使用、能源控制、材料消耗、水资源及环境保护等五方面提出评价指标，主要评价指标包括：安全耐久、健康舒适、生活便利、资源节约、环境宜居、提高与创新。在安全耐久方面，相对于其他标准，《绿色建筑评价标准》更多地对建筑物各项构件、设备及做法提出了明确要求，限制了建设方的灵活性及创造性；在健康舒适方面，该标准缺少对于混响时间、吸声面积等环境控制指标的考虑，但对于室内 TVOC、甲醛等空气质量指标控制更加严格；在生活便利方面，该标准更加关注对于提供服务的物业公司服务质量的评价；在资源节约及环境宜居方面，该标准对于水资源控制、能源控制、环境保护及生态修复等方面提出更加细致和全面的指标。总体上，《绿色建筑评价标准》在指标控制上更加严格，但在技术创新上缺乏灵活性[23]。

WELL 评估体系以提升舒适性和促进健康为目标，基于“以人为本”理念，从空气、水、营养、光线、运动、热舒适、声环境、材料、精神、社区等十个方面构建评价指标。不同于《绿色建筑评价标准》对于材料、结构、设备的关注，WELL 更重视空间对于人体身心健康的促进作用，在生理上，关注各感官的舒适度，在心理上，更加注重休憩空间、开放性空间的设置[24]。

LEED 评估体系主要涵盖建筑设计与施工、室内设计与施工、建筑运营与维护、社区开发、住宅五个方面，涉及热岛效应、再生能源、环保排放、创新与设计、低碳材料、暴雨管理等多项屋面系统审核。LEED 考虑到美国不同地区的气候环境，制定了区域优先指标，强调在早期设计中关注建筑能耗和水耗相关性能数据，关注材料与构件生产、规划设计、建造运输、运行维护、拆除处理的全寿命周期评价，但其部分指标缺少量化标准[25]。

CASBEE 从环境共生角度出发，基于以人为本的理念，充分考虑建筑中居住者的生理健康与心理舒适度。CASBEE 包含建筑环境品质和建筑环境负荷两大方面：建筑环境品质包含室内环境、服务质量及室外环境等三方面；建筑环境负荷包含能源、资源与材料及建筑用地外环境等三方面[26]。区别于《绿色建筑评价标准》，CASBEE 标准在满足建筑自身性能的同时，重视减少建筑对环境的负荷。

BREEAM 评估体系涵盖社区规划、环境评价、建造评价、运行评价及翻新改造评价，其评价指标包含管理、健康舒适、能源、交通、水、材料、废弃物、用地与生态、污染、创新。BREEAM 以结果为导向，侧重以最终性能为评判标准，重视材料在全寿命周期过程中的碳排放计算与碳足迹追踪[27,28]。相对于 LEED 标准，其缺少对于服务质量及创新设计的考察[29]。

HQE 各项性能指标体现了室内环境和室外环境两个方面。其中，室外环境评价包括：建筑与环境的和谐统一，建筑方法和建筑材料的集成，规避建筑点的噪声，能耗的最小化，用水的最小化，废弃物的最小化，建筑维护和维修的最小化。室内环境评价包括：热水的控制管理措施，声控的管理措施，视觉吸引力，气味的控制管理，室内空间的卫生与清洁，空气质量控制,水质量控制。相对于其他标准,其缺少对于服务质量、创新设计、长周期及社会经济能力的考察。

DGNB 以评价和优化建筑物及城区的环保性、节能性、经济性和使用舒适性等为目标,针对单个建筑、建筑群及城区提出了综合性评级体系,其评价体系主要由环境质量、经济质量、社会文化及功能质量、技术质量、过程质量、区位质量等六大要素组成。相对于《绿色建筑评价标准》,DGNB 多从使用者的直接感受出发,以结果为导向,具备更好的灵活性和创造性[16]。

第2章 城市地下空间品质评价指标体系

本章以品质化和以人为本理念为引领，以建设连通高效、功能复合、安全舒适、空间丰富的地下空间为目标，在调研参考国内外研究及标准的基础上，构建了以“安全、舒适、便捷、绿色、质量、效益”为核心的城市地下空间品质评价指标体系。该评价指标体系以人行活动地下空间为主要评价对象，以一般、良好、优秀、卓越划分不同品质等级的地下空间。与现有标准相比，城市地下空间品质评价体系安全度指标突出灾害时人员生命安全保障；舒适度指标在满足生理环境舒适的基础上，重点关注空间视觉舒适感和服务舒适性；便捷性指标在保障地上地下连通的基础上，重点关注空间内部连通及管理组织；绿色、质量、效益等指标在节约资源的基础上，考虑地下空间开发的社会价值及效益。

2.1 品质评价指标体系历程

城市地下空间品质评价体系包括评价对象、等级划分、指标体系、评价流程等内容，在评价体系建立过程中，初期框架如图 2.1 所示，城市地下空间品质评价拟从使用者及城市发展需求出发，兼顾使用者生理、心理需求，考虑城市地下空间发展的社会经济价值，根据城市地下空间物质及功能要素在“量”和“质”两方面对人群的生理、心理适宜程度，以及地下空间开发在社会发展中的推广价值，提出以安全、舒适、便捷、绿色、质量、效益为核心的评价指标体系，建立定性与定量相结合的评价方法，以此构建城市地下空间品质评价指标体系。拟通过以评促建，科学打造高品质地下空间，促进地下空间合理开发。

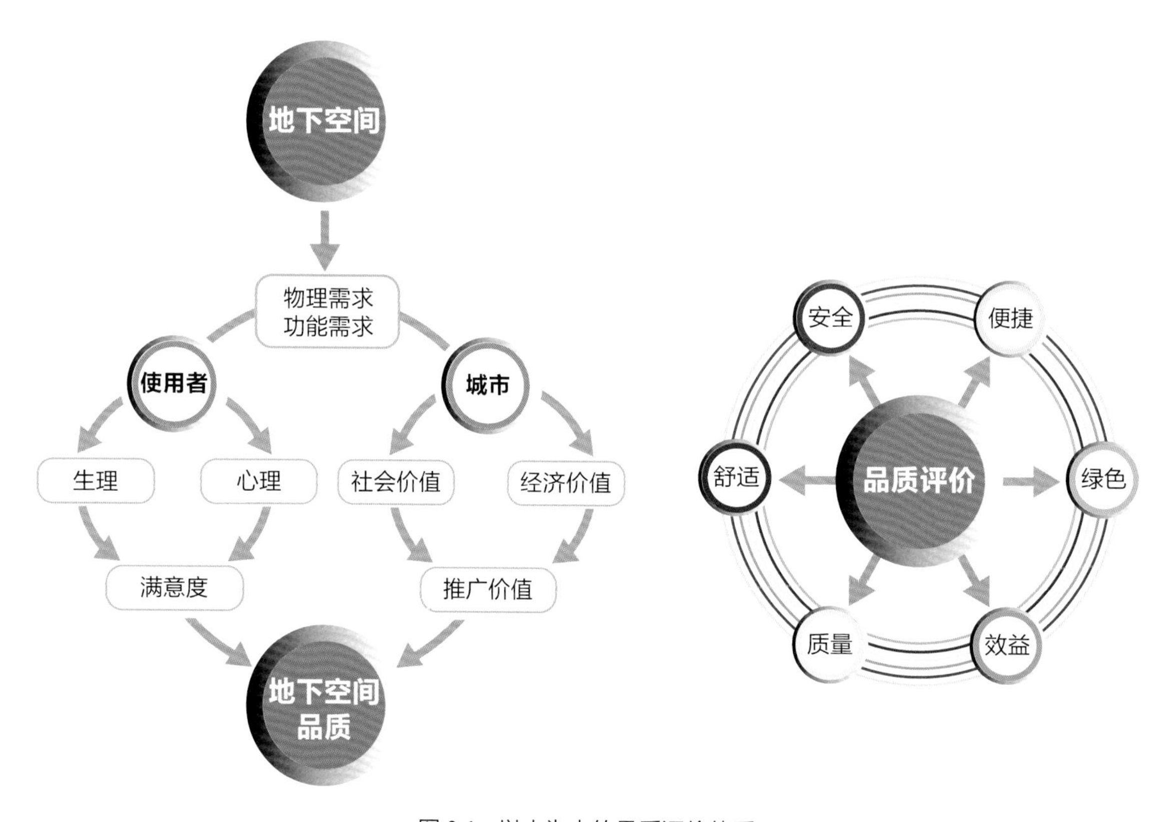

图 2.1　以人为本的品质评价体系

后期在专家意见的指导下，为促进品质评价指标体系在实际工程中标准化，融合简练了指标体系，将质量中工程质量管控及过程质量管控指标融入安全指标，将效益指标和绿色指标整合为可持续指标，以此形成以"安全、舒适、便捷、可持续"为核心的《城市地下空间品质评价标准》。经标准立项、大纲评审、初稿评审、征求意见稿评审、送审稿评审、报批稿评审等多轮流程，在陈湘生院士、朱合华院士、陈志龙大师等多名专家意见基础上，主编单位不断完善《城市地下空间品质评价标准》。2021 年 9 月 10 日，以城市地下空间品质评价指标体系为基础的《城市地下空间品质评价标准》(T/CSRME 012—2021)发布。

本书第 3～5 章为城市地下空间品质评价指标体系的整体研究，第 6 章将对在团体标准形成过程中的品质评价案例进行总结，第 7 章为品质评价后续拓展方向展望。

2.2 品质评价对象及等级划分

2.2.1 评价对象

城市地下空间有很多功能与种类，本着以人为本的原则，品质评价对象是人活动的公共空间，主要包括地下交通类、商业类及文化体育类。由不同功能区域组成的地下空间，通过各区域的主体功能进行分区评价。

(1) 交通类城市地下空间：主要包含轨道交通车站、出入口空间。与地下广场等其他功能区一体化连通时，可将上述区域统一纳入评价范围。

(2) 商业类城市地下空间：主要包含地下商场主体、地下商业街主体、出入口空间、连通通道。多个地下商场、地下广场等相互连通，或与地面商场垂直连通时可统一纳入评价范围。

(3) 文化、体育类城市地下空间：主要包含以地下文化旅游设施、地下体育设施、防灾减灾为主体功能的区域。

根据不同建设阶段的特点，应确定不同的前提条件。

对于运营阶段的评价项目，应满足下列原则：

(1) 符合法定建设程序、国家工程建设强制性标准和有关节能、环保的规定。

(2) 工程项目已完成竣工验收备案，使用年限超过两年。

对于规划阶段的评价项目，应满足下列原则：

(1) 符合国家工程建设强制性标准和有关节能、环保的规定。

(2) 工程项目的外部客观条件相对稳定。

2.2.2 评分组成及等级划分

城市地下空间品质评价以建设高品质地下空间为目标，并鼓励和促进创新技术应用，评分组成包括品质评分和创新得分。其中，品质评分应根据评价对象选取指标、综合指标得分及权重(权重为推荐值，可根据地域和侧重点不同进行相应调整)，具体评分可按第3，4章有关规定进行。

创新得分应对所采用的新技术、新材料、新装备、新工艺等进行评价，按表2.1规定确定得分。

表2.1 城市地下空间创新得分表

创新得分(I①)	成果要求
5	采用“建筑业10项新技术”②不少于7项，其中国际领先技术③不少于2项，国内领先水平的创新技术不少于5项
4	采用“建筑业10项新技术”不少于6项，其中国际领先技术不少于1项，国内领先技术不少于3项
3	采用“建筑业10项新技术”不少于5项，其中国内领先技术不少于3项
2	采用“建筑业10项新技术”不少于4项，其中国内领先技术不少于2项
1	采用“建筑业10项新技术”不少于3项，其中国内领先技术不少于1项

注：① I 表示创新得分数值。

② 建筑业10项新技术符合《建筑业十项新技术》最新版本要求。

③ 所述国际及国内领先水平的创新技术为本工程首次采用或规模化应用，需提供发明专利等新技术证明材料、查新报告，经专家评估核实认定。

评价等级应综合品质评分和创新得分，分为卓越、优秀、良好、一般四个等级，按表2.2规定确定。

表2.2 城市地下空间品质评价等级表

品质等级	星级	标识	品质评分	创新得分
卓越	五星	★★★★★	$90 \leqslant Q \leqslant 100$	$I \geqslant 5$
优秀	四星	★★★★	$80 \leqslant Q \leqslant 100$	$I \geqslant 3$
良好	三星	★★★	$70 \leqslant Q < 80$	$I \geqslant 1$
一般	无	无	$60 \leqslant Q < 70$	—

注：卓越项目只在优秀项目中遴选。

2.3 品质评价指标体系

城市地下空间品质评价指标体系的建立应遵循系统性、综合性、层次性和可操作性原则，基于安全、舒适、便捷、绿色、质量、效益等六个一级指标，构建城市地下空间品质评价指标体系，开展定性与定量相结合的评价工作。

评价指标评分项按重要程度分为基础性、类别性、地域性三大类。基础性为必选项，类别性和地域性为可选项。

(1) 基础性评分项反映城市地下空间共性品质。

(2) 类别性评分项反映城市地下空间不同功能品质。

(3) 地域性评分项反映不同地域特点的城市地下空间功能品质。

2.3.1 以人为本品质评价指标

1. 安全度指标

基于“以人为本”的理念，地下空间安全度评价工作应围绕人的生命安全开展，包含结构自身安全、周围环境安全、灾害时人身安全。如表 2.3 所示，基于科学性、系统性、实用性原则，选取场地及结构体系安全度、空间布局与疏散体系安全度、设备设施及防灾体系安全度、救援及应急保障体系安全度四个指标作为安全度指标的二级指标。

地下空间结构安全及周边环境安全已在《地铁设计规范》[30]、《混凝土结构设计规范》[31]及《城市轨道交通工程监测技术规范》[32]等相关规范中有明确的强制性规定，地下空间建设过程中周边环境安全及建成后的安全能得到有效保障，但在灾害时人身安全保障方面，缺少对管理及设施设备的要求。因此，城市地下空间品质评价体系安全度评价应从设备、管理、制度方面入手，重点关注灾害时人身安全是否能得到有效保障，同时从规划、设计、建设角度出发，兼顾考虑规划选址的安全度、结构设计方案的安全度、结构建造过程的安全度及建设过程中周边环境的安全度。设立“场地及结构体系安全度”评价结构自身安全、周边环境安全程度，具体可见 3.1.1 节；设立“空间布局与疏散体系安全度”评价地下空间布局合理性、灾害发生时疏散体系安全程度，具体可见 3.1.2 节；设立“设备设施及防灾体系安全度”评价地下空间应对各种灾害的设备设施完善程度及布置情况，具体可见 3.1.3 节；设立“救援及应急保障体系安全度”评价灾害发生时运营管理、灾害救援及应急保障等体系的优劣，具体可见 3.1.4 节。

表 2.3　城市地下空间安全度评价指标

一级指标	二级指标	三级指标	评分项			
			评分项名称	基础性指标	类别性指标	地域性指标
安全度（QA）	场地及结构体系安全度（QA-1）	工程地质及水文地质条件	地质构造稳定性	○		
			水文地质条件			○
			工程地质条件			○
		周边环境安全	建（构）筑物最大沉降值	○		
			建（构）筑物沉降变化速率	○		
		结构设施安全	结构防水能力	○		
			结构防灾能力	○		
	空间布局与疏散体系安全度（QA-2）	疏散能力	疏散至安全区时间	○		
			疏散密度	○		
			地下广场的设置	○		
		防灾空间布局	通道楼梯及出入口设置	○		
			防灾功能分区设置	○		
			安全区及避难节点设置	○		
		疏散组织	疏散预案编制数量	○		
			疏散标识布置间隔	○		
	设备设施及防灾体系安全度（QA-3）	监测与监控	监测监控覆盖度	○		
			监测监控集成度	○		
		设施设备功能全面性	防灾固定设备种类	○		
		设施设备空间覆盖度	设施覆盖度	○		
			重点区域设施覆盖度	○		
	救援及应急保障体系安全度（QA-4）	救援通道	单一安全区救援通道设置	○		
		设施保障	空间保障	○		
			物质保障	○		
		保障预案	紧急疏散保障预案	○		
			灾害应急保障预案	○		

2. 舒适度指标

基于“以人为本”的理念，地下空间舒适度评价工作应围绕生理环境舒适及心理环境舒适开展，包含设备设施服务舒适、生理环境舒适、感知舒适。如表 2.4 所示，基于科学性、系统性、实用性原则，选取空间形态舒适度、生理环境舒适度、功能服务舒适度、审美体验舒适度四个指标作为舒适度指标的二级指标。

表 2.4　城市地下空间舒适度评价指标

一级指标	二级指标	三级指标	评分项			
			评分项名称	基础性指标	类别性指标	地域性指标
舒适度（QB）	空间形态舒适度（QB-1）	空间尺度	主体空间尺度		○	
			通道尺度		○	
		空间丰富性	空间丰富度	○		
		空间开放度	自然光及景观引入	○		
	生理环境舒适度（QB-2）	声环境舒适度	背景声场	○		
			混响时间	○		
		光环境舒适度	眩光控制	○		
			设计光照	○		
			人工光谱	○		
		热湿环境及空气质量	温湿度控制	○		
			室内空气质量控制	○		
	功能服务舒适度（QB-3）	功能丰富性	功能类型		○	
			休憩空间占比	○		
		设施服务性	休憩设施与服务设施	○		
			无障碍设施	○		
		服务效率	服务时长	○		
			服务便利性	○		
	审美体验舒适度（QB-4）	景观标志性	区域标志性	○		
			内部标志性	○		
		环境艺术性	艺术品设置	○		
			空间造型	○		
		文化特色性	区域文化体现			○
			表达多样性		○	

建筑空间舒适度在《绿色建筑评价标准》、LEED、BREEAM、CASBEE、WELL 等标准[16-20]中已有所规定。上述标准主要针对声环境、光环境、热湿环境、水质、空气质量等生理环境舒适度提出评价指标，核心评价目标在于建筑空间能源控制及消耗，没有关注人的视觉舒适感和服务舒适性。因此，城市地下空间品质评价体系中舒适度评价应从视觉舒适、服务舒适、生理舒适开展评价工作，从服务、设备设施、空间设计、文化角度入手，重点关注地下空间视觉舒适及服务舒适，同时在借鉴现有标准及研究的情况下，兼顾地下空间的生理环境舒适。选取空间形态舒适度评价空间尺度、空间视觉舒适度，具体可见 3.2.1 节；选取生理环境舒适度评价地下空间中声环境、光环境、热湿环境及空气质量，具体可见 3.2.2 节；选取功能服务舒适度评价地下空间中各类型功能齐全度、对应服务的完善程度及

效率，具体可见3.2.3节；选取审美体验舒适度评价地下空间是否具有标志性、地下空间的视觉舒适感及区域文化体现，具体可见3.2.4节。

3. 便捷性指标

基于“以人为本”的理念，地下空间便捷性评价工作应围绕人员在地下空间中的高效流通及高效转换开展，包含地下空间与地面交通连通高效、空间内部人员流通高效、管理组织高效。如表2.5所示，基于科学性、系统性、实用性原则，选取外部连通可达性、内部连通可达性、连通体系可达性、组织管理便利性四个指标作为便捷性指标的二级指标。

表2.5　城市地下空间便捷性评价指标

一级指标	二级指标	三级指标	评分项			
			评分项名称	基础性指标	类别性指标	地域性指标
便捷性（QC）	外部连通可达性（QC-1）	外部连通设计	停车位配置		○	
			可达性	○		
			畅通性	○		
		出入口设计	出入口布置	○		
			功能实现度	○		
		公共交通接驳	公共交通类型	○		
			接驳便利性	○		
	内部连通可达性（QC-2）	内部可达性	标志性节点距离	○		
			出入口距离	○		
		连通协调性	渗透性	○		
			识别性	○		
		连通路径设计	连通路径数量	○		
			路径距离	○		
	连通体系可达性（QC-3）	连通方式	路径密度	○		
		通道尺度	通道宽度	○		
			通道长度	○		
		设施设备	连通设施类型	○		
			设施设备便利性	○		
	组织管理便利性（QC-4）	导向标识	标识连续性	○		
			导向标识间距	○		
		瓶颈管理	人为瓶颈	○		
		智慧化辅助设施	智慧化辅助设施使用	○		
			实时智能引导及分流	○		

《绿色建筑评价标准》（GB/T 50378—2019）中主要通过建筑到外部交通及服务设施的距离判定建筑的便利性，但缺少对内部空间便利性的评价。地上建筑空间大多呈单体形

式，缺少网络化布局空间及内部便利性考虑；而地下空间正朝着网络化、互联互通方向发展，内部空间规模庞大，应考虑其内部高效性及管理组织。因此，城市地下空间便捷性评价应从外部连通、内部连通、管理组织三方面开展评价工作，从连通方式、空间可达性、导向标识等入手，以内部连通及管理组织为重点，兼顾考虑地下空间外部连通高效。选取外部连通可达性评价地下空间与地上交通设施可达性及交通转换的高效性，具体可见 3.3.1 节；选取内部连通可达性评价地下空间各区域相互连通方式及空间路径规划的高效性，具体可见 3.3.2 节；选取连通体系可达性评价地下空间内部连通道设置及设施设备的高效性，具体可见 3.3.3 节；选取组织管理便利性评价地下空间内导向标识及人员流通管理组织的高效性，具体可见3.3.4 节。

2.3.2 可持续发展品质评价指标

1. 质量评价

地下空间质量评价工作应围绕工程建造质量、安全管理开展，包含工程质量、施工过程质量保障、智慧建造手段。如表 2.6 所示，基于科学性、系统性、实用性原则，选取工程质量管控、过程质量管控、智慧化及系统化控制三个指标作为质量指标的二级指标。

表 2.6 城市网络化地下空间质量评价指标

一级指标	二级指标	三级指标	评分项			
			评分项名称	基础性指标	类别性指标	地域性指标
质量	工程质量管控	防水质量	工程防水质量	○		
		表观质量	装饰工程质量	○		
		安装质量	电气、设备安装工程质量	○		
		本体质量	主体结构可靠耐久性	○		
	过程质量管控	重大安全事故	项目建设期重大安全事故	○		
		分部工程验收	工程评审通过率	○		
		施工安全管理	单位面积工程隐患数量	○		
			施工管理组织	○		
	智慧化及系统化控制	环境能源智能控制	综合能耗降低率	○		
			运营成本降低率	○		
		常用设备利用率	设备闲置率	○		
		全寿命一体化控制	地下空间智能化技术运用阶段	○		
		主体工程装配化程度	主体工程装配率	○		

DGNB中主要针对过程质量作出要求，主要包括设计理念、可持续理念融入、施工对周边环境影响、施工质量保证等方面，缺少施工过程中施工人员安全管控及智慧化手段等指标，而现有相关施工安全标准主要关注施工安全及施工人员安全保障，缺少智慧化手段等指标。随着相关智能技术的发展，地下空间结合智慧化手段控制施工质量的重要性日渐增强，因此，地下空间质量评价应从施工质量、施工安全保障、智慧建造三方面入手，以过程质量管控及智慧化手段为重点，兼顾考虑施工质量。选用工程质量管控评价工程施工质量水平，具体可见4.1.1节；选取过程质量管控评价施工过程中安全管控情况，具体可见4.1.2节；选取智慧化及系统化控制评价地下工程的智慧化情况，具体可见4.1.3节。

2. 效益评价

地下空间效益评价工作应围绕工程社会效益、经济效益开展。如表2.7所示，基于科学性、系统性、实用性原则，选取社会效益、经济效益两个指标作为效益指标的二级指标。

表2.7　城市网络化地下空间效益评价指标

一级指标	二级指标	三级指标	评分项			
			评分项名称	基础性指标	类别性指标	地域性指标
效益	社会效益	区域人流增长	区域人流增加变化	○		
		近远期协调性	近远期规划年限	○		
		区域土地增值	区域土地增值率	○		
		提高交通效率	绕行系数	○		
		提供公共空间	区域内公共空间增长率	○		
		提供市政空间	区域内市政空间增长率	○		
	经济效益	项目收益率	项目收益率		○	
		项目使用率	设施使用率		○	
		投资回收期	静态投资回收年限		○	
		节约市政投资	节约市政投资率	○		
		减少征地费用	节约征地费用率	○		

现有绿色建筑标准未重点关注空间的社会效益和经济效益，而地下空间不同于地上建筑空间，同等规模情况下，其造价更高且建造过程更为复杂，需要考虑建造该工程的必要性及所能带来的效益。因此，地下空间效益评价工作应从社会、经济两方面入手，重点考量地下空间建造后所能带来的社会效益和经济效益。选取社会效益评价地下工程建造后对社会流动及经济发展的推动作用，具体可见4.2.1节；选取经济效益评价地下工程建造成本管

控、盈利情况，具体可见 4.2.2 节。

3. 绿色评价

地下空间可持续评价工作应围绕地下空间规划、建设、运营阶段的环境保护及资源节约工作开展，包含地表生态环境保护、资源节约及再利用、空间建设规模及效益。如表 2.8 所示，基于科学性、系统性、实用性原则，选取环境效益、资源节约、设备可更新三个指标作为可持续指标的二级指标。

表 2.8　城市地下空间绿色评价指标

一级指标	二级指标	三级指标	评分项			
			评分项名称	基础性指标	类别性指标	地域性指标
绿色（QD）	环境效益（QD-1）	生态保护	场地生态系统的保护和修复			○
		特殊风貌	场地特殊风貌融合设计			○
		空间协调	场地空间协同及预留	○		
	资源节约（QD-2）	可再生能源利用	自然光照替代率	○		
			可再生能源供电比例	○		
		节水及再利用	节水装置及水再利用设备	○		
			雨水及杂排水再利用率	○		
		节材及循环利用	可循环材料、可再利用材料、利废建材及绿色建材的利用率	○		
	设备可更新（QD-3）	更换无损性	更换损耗	○		
		备用设备设施设置	项目收益及使用率	○		
		备用空间设置	备用设备及空间设置	○		

现有绿色建筑标准从便利、安全、节约资源、环境保护角度评价绿色指标，而在地下空间品质评价标准中绿色指标更加关注环境保护及资源节约。因此，地下空间绿色指标评价应从环境保护、资源角度出发，重点关注环境恢复及保护、资源再利用及回收，兼顾考虑具体设备设施利用。选用环境效益评价生态环境恢复及保护，具体可见 4.3.1 节；选用资源节约评价资源再利用及回收保护，具体可见 4.3.2 节；选用设备可更新评价地下空间中相关设备设施更换损耗，具体可见 4.3.3 节。

2.3.3　指标权重

1. 一级指标权重

如表 2.9 所示，通过层次分析法（Analytic Hierarchy Process，AHP）方法及人为调整，

城市地下空间品质评价体系中一级指标根据地下空间功能(交通类、商业类、文化体育类)分别给予不同权重。

表 2.9　一级指标权重表

地下空间类型	安全度	舒适度	便捷性	绿色	质量	效益
交通类	0.20	0.15	0.20	0.10	0.20	0.15
商业类	0.20	0.15	0.15	0.10	0.20	0.20
文化体育类	0.15	0.25	0.15	0.10	0.25	0.10

2. 二级指标权重

通过 AHP 方法及人为调整,城市地下空间品质评价体系中各二级指标权重见表 2.10。

表 2.10　二级指标权重表

一级指标	二级指标	二级指标权重
安全度(QA)	场地及结构体系安全度(QA-1)	0.25
	空间布局与疏散体系安全度(QA-2)	0.30
	设备设施及防灾体系安全度(QA-3)	0.25
	救援及应急保障体系安全度(QA-4)	0.20
舒适度(QB)	空间形态舒适度(QB-1)	0.30
	生理环境舒适度(QB-2)	0.25
	功能服务舒适度(QB-3)	0.30
	审美体验舒适度(QB-4)	0.15
便捷性(QC)	外部连通可达性(QC-1)	0.20
	内部连通可达性(QC-2)	0.30
	连通体系可达性(QC-3)	0.30
	组织管理便利性(QC-4)	0.20
绿色(QD)	环境效益(QD-1)	0.40
	资源节约(QD-2)	0.30
	设备可更新(QD-3)	0.30
质量	工程质量管控	0.40
	过程质量管控	0.40
	智能化及系统化控制	0.20
效益	社会效益	0.60
	经济效益	0.40

3. 三级指标及评分项权重

为方便三级指标及评分项换算，三级指标及评分项可通过占总分比例换算成100分来计算，具体计算公式如下：

$$上级评价指标得分=\frac{下级各评价指标得分之和}{下级各评价指标总分和}\times 100 \tag{2.1}$$

本书提出的权重为推荐值，可根据地域和侧重点不同进行相应调整。

2.4 评价流程

在进行城市地下空间品质评价时，应根据空间使用功能的综合程度分为综合性评价及单项评价。其中，综合性评价对安全、舒适、便捷、绿色、质量、效益等六个一级指标进行综合性考量，六个一级指标的权重根据城市地下空间的功能进行确定。而单项评价应针对安全、舒适、便捷、（质量）及可持续中的一项，以评价某一类品质的实现程度。相应的评价内容、评价标准及权重应根据评价对象的功能类型进行确定。

城市地下空间品质评价流程包括资料收集及准备、现场考察及初评、评价反馈及综合评价、报告编制及专家论证。

2.4.1 资料收集及准备

被评项目应提供项目自述书等材料，全面介绍和反映项目建设品质和成果，以利于评价单位了解项目情况，制订科学合理的评价及查证方案，所需资料按表2.11提供。

表2.11 评价资料准备表

评价	必备资料	选择性提供材料
规划设计阶段评价	(1) 项目自述书 (2) 项目规划设计图纸 (3) 项目风险评价、评价指标相关测试及分析报告 (4) 技术创新证明材料	(1) 项目信息化模型 (2) 与评价相关的视频、效果图等资料
运营阶段评价	(1) 项目自述书 (2) 项目竣工图纸 (3) 项目评价指标相关评测报告 (4) 技术创新证明材料	(1) 项目设计施工管理系统及过程信息 (2) 项目信息化模型 (3) 与评价相关的视频、图片资料

2.4.2 现场考察及初评

由评价机构组织成立评价组，根据参评项目各方提供的资料，制订评价方案，并进行现场考察及初评，具体工作包括：

（1）评价组根据被评项目工程特点及提供的相关资料，确定评价内容，制订评价方案及打分表。

（2）根据评价方案进行现场查证，规划设计阶段评价应考察场址及周边环境条件；运营阶段评价除现场考察场址及周边环境条件外，还应根据评价方案要求进行相关指标的测定和查证。

（3）根据被评项目提供的相关资料，评价组开展定量及定性分析，结合现场查证，进行逐级评分。

2.4.3 评价反馈及综合评估

根据初评结果，由被评项目提供补充资料，评价组进行现场补查，综合评价各项指标，形成初步报告。

2.4.4 报告编制及专家论证

采用专家评审会的形式，对初步报告进行终评，审核项目创新技术并确定创新得分，评价组根据专家意见出具最终评价报告。

第3章

城市地下空间以人为本品质评价指标体系

本章从“以人为本”角度出发，剖析国内外相关研究中地下空间品质共性，调研现有相关标准，并结合工程实际，分析使用者对地下空间的功能需求，形成以“安全、舒适、便捷”为一级指标的地下空间以人为本品质评价体系。继而依托于上述一级指标，基于现有研究及国内外标准，考虑地下空间功能及要素对使用者的生理及心理适宜性，分析其影响因素，由此形成了二、三级评价指标，并论述了评价标准选取的依据及其合理性。

3.1 安全度指标

3.1.1 场地及结构体系安全度

施工、自然地质及自然灾害是影响地下空间安全度的主要因素[33]。施工安全风险因素包括：围护结构或支撑失稳、施工不当、坑底隆起、周边环境破坏[34]。其中，围护结构及支撑失稳属于建设过程中临时结构安全问题；施工不当及坑底隆起为管理及施工方案缺陷，属于建设过程风险评价范畴，不属于本评价体系安全评价中地下结构安全及周边环境安全范畴。自然地质直接影响地下空间选址及建设过程风险等级，其影响因素包括：该区域地质构造、地质条件、区域水体情况。自然灾害影响地下结构及在其中生活及生产人员的生命安全，其种类包括：水灾、火灾、风灾、地震、雷击、冰雪[30]。因此，基于上述安全风险因素，选取工程地质及水文地质条件、周边环境安全、结构设施安全作为三级指标。

1. 工程地质及水文地质条件

工程地质及水文地质条件用于评价场地选址的安全度，衡量场地选址的风险程度，应考虑地下工程的地质构造、场址水体、地质条件[35-37]。因此，选取场址地质构造稳定性、水文地质条件、工程地质条件作为评分项。

在活断层、大型地裂缝带、塌陷坑等强危害性地质构造地带建设地下工程具有重大工程风险，易造成地下结构损伤及坍塌，对其中人员生命安全造成直接危害，不应在该场地建设地下空间。地下空间场地选址不仅与建设风险相关，也与其社会价值紧密关联，在有效工程风险措施下，高价值地下空间场地选址可容许弱风险地质构造带。因此，结合实际工程经验，场地地质构造稳定性评价及评价依据见表 3.1。

带腐蚀性地下水系容易腐蚀地下结构，造成渗水及坍塌等现象，且消除腐蚀性地下水影响成本高，因此，不应在带腐蚀性地下水系建设地下工程。承压水层是基础施工过程中发生突涌的主要原因，处理不当易造成基坑坍塌、周边环境地表沉降，对人民生命安全造成危害。承压水层是部分地区施工过程中常遇的工程问题，可通过隔水、降压、封底等技术措施降低其风险[38]。因此，水文地质条件评分及评价依据见表 3.2。

表 3.1　地质构造稳定性

评分项得分	评价依据
4	场址内不含活断层、大型地裂缝带、塌陷坑及强危害性地质构造地带，得 4 分
2	场址局部含地质构造地带、小型塌陷坑，但采取有效应对措施后工程建设风险降为Ⅲ级及以下，且风险等级下降 2 级
1	场址局部含地质构造地带、小型塌陷坑，但采取有效应对措施后工程建设风险降为Ⅲ级及以下，且风险等级下降 1 级
0	未达到上述要求

注：1. 风险等级评定按《城市轨道交通地下工程建设风险管理规范》(GB 50652—2011)[35]有关规定确定（下同）。

2. 未标明适用于何种类型地下空间时，表示评价依据适用对象为本评价体系所有评价对象（下同）。

表 3.2　水文地质条件

评分项得分	评价依据
4	场址内及相联系的地下水不具有腐蚀性，相联系的补给性地下水系不对环境造成破坏性影响，得 4 分
2	场址内含强承压水层、补给性地下水系时，采取有效应对措施将工程建设风险降为Ⅲ级及以下，且风险等级下降 2 级
1	场址内含强承压水层、补给性地下水系时，采取有效应对措施将工程建设风险降为Ⅲ级及以下，且风险等级下降 1 级
0	未达到上述要求

深厚液化及震陷地层易造成地下工程变形及内力变化，从而导致地下工程坍塌[39,40]，因此，不宜在该类场地进行地下工程建造。在含大面积瓦斯等有害气体地质施工存在瓦斯突出危害，易导致施工区爆炸[36]，造成人员伤亡及工程坍塌，因此，不应在该类场地进行地下工程建造。岩溶、断层破碎带等地质影响基坑涌水突泥情况，可通过降压、隔水、封底等措施降低风险，在有效工程措施下可保证地下工程的安全。因此，工程地质条件评分及评价依据见表 3.3。

表 3.3　工程地质条件

评分项得分	评价依据
4	场址选择不含深厚液化及震陷地层、大面积有害气体等不良地质条件，得4分
2	场址内局部含强度弱的岩土体、液化及震陷地层、岩溶及有害气体等不良地质条件时，采取有效应对措施将工程建设风险降为Ⅲ级及以下，且风险等级下降2级
1	场址内局部含强度弱的岩土体、液化及震陷地层、岩溶及有害气体等不良地质条件时，采取有效应对措施将工程建设风险降为Ⅲ级及以下，且风险等级下降1级
0	未达到上述要求

2. 周边环境安全

周边环境安全通过周边地表沉降情况来评价周边环境的风险，应考虑建(构)筑物的沉降量及沉降速率。因此，选取建(构)筑物的最大沉降值及沉降变化速率作为评分项。

《城市轨道交通工程监测技术规范》(GB 50911—2013)[32]中对建(构)筑物、桥梁、地下管线等周边环境的沉降量及沉降速率有明确规定。部分地下空间覆盖区域广阔，为做到客观评价，在评价该区域周边环境安全时，应选取区域最大沉降值及最大沉降速率进行评分。建(构)筑物的最大沉降值及沉降变化速率评分及评价依据见表 3.4 和表 3.5。

表 3.4　建(构)筑物的最大沉降值

评分项得分	评价依据
4	周边建(构)筑物、地下管线、既有地下工程及路面的最大沉降值比《城市轨道交通工程监测技术规范》(GB 50911—2013)控制值低45%及以上
3	周边建(构)筑物、地下管线、既有地下工程及路面的最大沉降值比《城市轨道交通工程监测技术规范》(GB 50911—2013)控制值低30%
2	周边建(构)筑物、地下管线、既有地下工程及路面的最大沉降值比《城市轨道交通工程监测技术规范》(GB 50911—2013)控制值低15%
1	周边建(构)筑物、地下管线、既有地下工程及路面的最大沉降值满足《城市轨道交通工程监测技术规范》(GB 50911—2013)控制值
0	未达到上述要求

表 3.5 建(构)筑物的最大沉降速率

评分项得分	评价依据
4	周边建(构)筑物、地下管线、既有地下工程及路面的最大沉降速率比《城市轨道交通工程监测技术规范》(GB 50911—2013)沉降控制值低45%及以上
3	周边建(构)筑物、地下管线、既有地下工程及路面的最大沉降速率比《城市轨道交通工程监测技术规范》(GB 50911—2013)沉降控制值低30%
2	周边建(构)筑物、地下管线、既有地下工程及路面的最大沉降速率比《城市轨道交通工程监测技术规范》(GB 50911—2013)沉降控制值低15%
1	周边建(构)筑物、地下管线、既有地下工程及路面的最大沉降速率满足《城市轨道交通工程监测技术规范》(GB 50911—2013)控制值
0	未达到上述要求

3. 结构设施安全

地下空间灾害包括火灾、水灾、雷击、冰雪等，其中火灾、水灾为主要灾害，需要在满足《地铁设计规范》(GB 50157—2013)、《地铁设计防火标准》(GB 51298—2018)[41]及相关规范要求的基础上，针对区域特点开展灾害专项设计，以确保人民生命财产安全。因此，结构防灾能力具体评分及评价依据见表3.6。

表 3.6 结构防灾能力

评分项得分	评价依据
4	在满足1分的基础上，针对3种及以上灾害开展专项设计
3	在满足1分的基础上，针对2种灾害开展专项设计
2	在满足1分的基础上，针对1种灾害开展专项设计
1	结构防灾能满足《地铁设计规范》(GB 50157—2013)要求
0	不满足上述要求

3.1.2 空间布局与疏散体系安全度

空间布局与疏散体系安全度用于评价灾害发生时空间的疏散能力、空间布局的合理性以及灾害发生时管理组织能力。因此，选取疏散能力、防灾空间布局、疏散组织作为三级指标。

1. 疏散能力

人流密度、人员速度、疏散时间是轨道交通车站疏散能力评价的重要指标[42]，而人员速度与总体疏散时间存在重叠，同时疏散时人员速度难以测定，因此，选取疏散至安全区时间、疏散密度作为评分项。

《地铁设计规范》(GB 50157—2013)中规定：不超过三层的车站，乘客从站台疏散至站厅或安全区的时间应小于或等于6 min。刘文婷[42]提出：把乘客从车站的最远处疏散至站厅的时间应小于4 min，疏散至地面安全点的时间应小于6 min。地下空间功能类型及布局多样，以4 min为标准要求过高，易造成过度浪费，因此，选取6 min作为地下空间疏散时间基准更为合适。《地铁设计规范》(GB 50157—2013)中计算选取的是站台处，但并不适用于所有地下空间，因此，选取空间中离安全区最远位置计算疏散时间，以此评价地下空间疏散能力。疏散至安全区时间评分及评价依据见表3.7。

表3.7　疏散至安全区时间

评分项得分	评价依据
4	疏散至安全区时间不超过4.5 min
3	疏散至安全区时间不超过5 min
2	疏散至安全时间不超过5.5 min
1	疏散至安全区时间不超过6 min
0	不满足上述要求

疏散至安全区时间按如下规则进行计算。

当地下空间为平层时，疏散时间可按式(3.1)计算：

$$T = 1 + \frac{Q}{0.9A_1} \tag{3.1}$$

式中　T ——撤离时间(min)；

Q ——地下空间内部远期或客流控制期超高峰小时地下空间内部人数(人)；

A_1 ——疏散通道口的通过能力[人/(min·m)]。

当地下空间层数不超过3层时，疏散时间可按式(3.2)[30]计算：

$$T = 1 + \frac{Q}{0.9[A_1(N-1) + A_2B]} \tag{3.2}$$

式中　T ——撤离时间(min)；

Q——地下空间内部远期或客流控制期超高峰小时地下空间内部人数(人)；

A_1——一台自动扶梯的通过能力[人/(min·m)]；

A_2——疏散楼梯的通过能力[人/(min·m)]；

N——自动扶梯数量；

B——疏散楼梯的总宽度(m)，每组楼梯的宽度应按 0.55 m 的整倍数计算。

当地下空间层数大于 3 层时，应在设计阶段进行疏散模拟，取疏散模拟中最大疏散时间进行评价。

疏散密度通过疏散时的人员拥挤程度判断发生踩踏等安全事故的概率，只有在合适的人员密度下疏散人群，才能保证疏散有序进行，不会发生二次事故。结合相关研究成果[42]，疏散密度评分及评价依据见表 3.8。

表 3.8 疏散密度

评分项得分	评价依据
4	疏散时人员基本处于自由状态，疏散水平为一级
3	疏散时人员处于部分行为受限状态，且限制较小时，疏散水平为二级
2	疏散时人员处于部分行为受限状态，且限制较大时，疏散水平为三级
1	疏散时人员处于限制很大几乎呈跟随状态时，疏散水平为四级
0	疏散时人员处于非常拥挤状态时，疏散水平为五级

注：疏散水平按表 3.9 确定。

表 3.9 疏散水平等级评定表 (单位：人/m^2)

疏散水平	一级	二级	三级	四级	五级
通道口	＜0.43	0.43～0.76(含)	0.76～1.08(含)	1.08～2.13(含)	＞2.13
楼梯	＜0.71	0.71～1.12(含)	1.12～1.54(含)	1.54～2.70(含)	＞2.70
排队区	＜1.08	1.08～2.33(含)	2.33～3.57(含)	3.57～5.26(含)	＞5.26

2. 防灾空间布局

防灾空间布局主要针对地下空间节点、出入口、防火分区及安全区等重要节点进行评价。地下空间节点为具有标志性且具有避难功能的区域，在灾害发生时，具有引导作用和避难作用；出入口设置影响人员疏散至安全区及地面的时间；防火分区为防火卷帘及其他防火材料所隔离出来区域，其影响火灾发生时火势所能蔓延的范围；安全区为具有避难功能的区域，其设置位置及数量影响地下空间人员疏散所需时间。因此，选取地下空间节点、通道楼梯及出入口设置、防灾功能分区设置、安全区及避难节点设置作为三级指标。

地下空间节点通过具有标志性及避难功能的地下空间区域数量进行评价，具体评分及评价依据见表3.10。

表3.10 地下空间节点

评分项得分	评价依据
4	设置3处及以上满足避难要求且具有标志性的地下空间节点
3	设置2处满足避难要求且具有标志的地下空间节点
2	设置1处满足避难要求且具有标志的地下空间节点
0	未设置满足避难要求且具有标志的地下空间节点

《地铁设计规范》(GB 50157—2013)中规定，地下出入口通道的长度不宜超过100 m，每个公共区直达地表的出入口数量不少于2个。同时，规范中对于车站各部位最小宽度也作出相应规定。因此，参考规范要求，通道楼梯及出入口设置评分及评价依据见表3.11。

表3.11 通道楼梯及出入口设置

评分项得分	评价依据
4	在3分的基础上，增加1条通向地面的通道或增加1个通向地面的出入口
3	在2分的基础上，增加1条通向地面的通道或增加1个通向地面的出入口
2	在1分的基础上，增加1条通向地面的通道或增加1个通向地面的出入口
1	通道楼梯及出入口设置符合《地铁设计规范》(GB 50157—2013)中有关规定
0	未满足上述要求

防灾功能分区设置通过所设置的防火分区数量进行评价。《建筑设计防火规范》(GB 50016—2014)[43]中规定，地下建筑防火分区最大允许建筑面积不得超过500 m^2，因此，防火分区数量基准值可通过总建筑面积除以500 m^{2}进行确定。具体评分及评价依据见表3.12。

表 3.12　防灾功能分区设置

评分项得分	评价依据
4	在 1 分的基础上，防火分区数量在基准值基础上增加 15%
3	在 1 分的基础上，防火分区数量在基准值基础上增加 10%
2	在 1 分的基础上，防火分区数量在基准值基础上增加 5%
1	防火分区设置满足《建筑设计防火规范》(GB 50016—2014)中有关规定，且防火分区数量等于防火分区数量基准值
0	未满足上述要求

安全区及避难节点设置根据安全区及避难节点设置的数量进行评价，具体评分及评价依据见表 3.13。

表 3.13　安全区及避难节点设置

评分项得分	评价依据
4	设置 4 处安全区或避难节点
3	设置 3 处安全区或避难节点
2	设置 2 处安全区或避难节点
1	设置 1 处安全区或避难节点
0	未设置安全区或避难节点

3. 疏散组织

疏散组织评价疏散时管理组织、疏散时标识连续性。因此，采用疏散预案编制数量、疏散标识布置间隔作为评分项。

疏散预案编制数量根据针对灾害发生时设置的紧急疏散预案数量进行评价，具体评分及评价依据见表 3.14。

表 3.14　疏散预案编制数量

评分项得分	评价依据
4	编制 4 种应急疏散预案
3	编制 3 种应急疏散预案

（续表）

评分项得分	评价依据
2	编制 2 种应急疏散预案
1	编制 1 种应急疏散预案
0	未编制应急疏散预案

疏散标识布置间隔用于评价地下空间标识的连续性，高标识连续性有利于高效疏散。《建筑设计防火规范》(GB 50016—2014)中规定，一般走道中疏散标识间距不应大于 20 m。为规范评价，在实际评价中，应在满足规范的基础上，选取各区域疏散标识间距的加权平均值进行评价，其中加权方式为面积比例加权。具体评分及评价依据见表 3.15。

表 3.15　疏散标识布置间隔

评分项得分	评价依据
4	在 1 分的基础上，疏散标识间隔加权平均值比基准值低 30%及以上
3	在 1 分的基础上，疏散标识间隔加权平均值比基准值低 20%
2	在 1 分的基础上，疏散标识间隔加权平均值比基准值低 10%
1	满足《建筑设计防火规范》(GB 50016—2014)中有关规定
0	不满足《建筑设计防火规范》(GB 50016—2014)中有关规定

注：疏散标识间隔基准值为 20 m。

3.1.3　设施设备及防灾体系安全度

设施设备及防灾体系安全度主要评价地下空间在设施设备方面的完善程度及覆盖度。地下空间设施设备包括监控监测设施、防灾设备设施及机电设施，其中监测监控设施和防灾设备设施为防灾体系中的主要设备设施。因此，选取监测与监控、设施设备功能全面性、设施设备空间覆盖度作为三级指标。

1. 监测与监控

监测与监控应综合考虑监测及监控系统的覆盖度及集成度。监测监控覆盖度评价相关监测监控设施覆盖范围，全覆盖有利于灾害及异常监控；监测监控集成度评价相关系统一体化程度，一体化平台有利于统一管控。

监测监控覆盖度通过监测监控死角数量进行评价，具体评分及评价依据见表3.16。

表3.16 监测监控覆盖度

评分项得分	评价依据
4	不存在监控监测死角
3	存在1处监控监测死角
2	存在2处监控监测死角
1	存在3处监控监测死角
0	存在4处及以上监控监测死角

监测监控集成度根据所需控制平台数量进行评价，具体评分及评价依据见表3.17。

表3.17 监测监控集成度

评分项得分	评价依据
4	所有监测及监控系统由1个平台控制
3	所有监测及监控系统由2个平台控制
2	所有监测及监控系统由3个平台控制
1	所有监测及监控系统由4个平台控制
0	所有监测及监控系统由5个及以上平台控制

2. 设施设备功能全面性

设施设备全面性主要通过防灾固定设备种类进行评价。地下空间灾害包括火灾、水灾、冰雪、地震等，其中防火、防水为主要灾害，具体评分及评价依据见表3.18。

表3.18 防灾固定设备种类

评分项得分	评价依据
4	在3分的基础上增加设备数量
3	配置各种防灾固定设备并增加常发灾害固定设备
2	针对各种灾害配置相应固定设备
1	配备防火、防水固定设备但缺少其他防灾固定设备
0	防火、防水固定设备配置不足

3. 设施设备空间覆盖度

设施设备的空间覆盖度应考虑防灾设施覆盖范围、灾害易发区域的设施覆盖范围，其评分项包括设施覆盖度和重点区域设施覆盖度。

设施覆盖度根据区域相关设备设施覆盖率进行评价，具体评分及评价依据见表 3.19。

表 3.19 设施覆盖度

评分项得分	评价依据
4	设施覆盖率高于 90%
3	设施覆盖率高于 80%
2	设施覆盖率高于 70%
1	设施覆盖率高于 60%
0	设施覆盖率低于 60%

重点区域设施覆盖度主要通过重点区域的设施设备覆盖率进行评价，具体评分及评价依据见表 3.20。

表 3.20 重点区域设施覆盖度

评分项得分	评价依据
4	针对重点区域增加 4 套防灾设施设备
3	针对重点区域增加 3 套防灾设施设备
2	针对重点区域增加 2 套防灾设施设备
1	针对重点区域增加 1 套防灾设施设备
0	未针对重点区域增加防灾设施设备

3.1.4 救援及应急保障体系安全度

救援及应急保障体系评价地下空间中救援通道、救援设备、应急保障方案的完善程度，包含救援通道、设施保障、保障预案三个三级指标。

1. 救援通道

地下空间中部分通道具备救援通道作用，但在灾害发生时，由于日常管理及疏散方案等原因，部分兼用救援通道无法发挥其作用。因此，从安全角度出发，相对于救援通道数量，专用救援通道数量更为重要。专用救援通道通过单一安全区救援通道进行评价，具体评分及评价依据见表 3.21。

表 3.21　单一安全区救援通道设置

评分项得分	评价依据
4	设置 4 条专用救援通道
3	设置 3 条专用救援通道
2	设置 2 条专用救援通道
1	设置 1 条专用救援通道
0	未设置专用救援通道

2. 设施保障

设施保障用于评价日常情况及灾害情况下设施及对应空间的完善程度。日常情况所涉及的设施应包含临时医疗设施、临时消防设施等；而在灾害发生时，应具有临时避难空间和对应救援设施。因此，设施保障应考虑空间保障、物质保障。

空间保障应考虑救援设备储存空间设置，具体评分及评价依据见表 3.22。

表 3.22　空间保障

评分项得分	评价依据
4	设置 4 处救援设备储存空间
3	设置 3 处救援设备储存空间
2	设置 2 处救援设备储存空间
1	设置 1 处救援设备储存空间
0	未设置救援设备储存空间

物质保障应考虑应急救援设备，包括但不限于：氧气呼吸器、防毒面具、防护服、救生衣、对讲机、应急照明手电、灭火器、消防水泵、消防水枪、发电机、消防砂、救生绳、安全帽、

应急泵等。本条所述医疗设备包括但不限于：心脏除颤器、简易呼吸器、心脏按压泵、负压骨折固定装置、氧气瓶、急救医疗箱等。具体评分及评价依据见表3.23。

表3.23　物质保障

评分项得分	评价依据
0～4	每增加一项应急救援设备，增加0.2分

3. 保障预案

保障预案是为灾害发生时无法疏散人员及发生二次伤害时受伤人员进行设置，包括踩踏预案、防恐预案等，可通过紧急疏散保障预案、灾害应急保障预案进行评价。

紧急疏散保障预案评分及评价依据见表3.24。

表3.24　紧急疏散保障预案

评分项得分	评价依据
4	编制4种及以上紧急疏散保障预案
3	编制3种紧急疏散保障预案
2	编制2种紧急疏散保障预案
1	编制1种紧急疏散保障预案
0	未编制紧急疏散保障预案

灾害应急保障预案评分及评价依据见表3.25。

表3.25　灾害应急保障预案

评分项得分	评价依据
4	编制4种及以上灾害应急保障预案
3	编制3种灾害应急保障预案
2	编制2种灾害应急保障预案
1	编制1种灾害应急保障预案
0	未编制灾害应急保障预案

3.2 舒适度指标

3.2.1 空间形态舒适度

由于地下空间高封闭的空间形态，地下空间在相同物理设施条件下空间舒适度要低于地上空间，而空间尺度直接影响空间的压抑感、开敞度。在低层高地下空间中，压抑感会增加，开阔感会大幅降低，地下空间高封闭感增强。具有层次感、富有变化的空间能有效减少人的压抑感，增强空间的吸引力，增加人探索空间的兴趣，减少高封闭空间形态带来的不良心理影响。因此，空间形态舒适度应从空间尺度、空间开放度、空间丰富性开展评价。

1. 空间尺度

地下空间中主体空间功能包括人员流通、人员短暂滞留等，而地下空间中通道功能为人员流通，相对于主体空间，通道功能更为单一，因此，两者空间尺度应有不同要求。

主体空间需要供人员短暂滞留，需要营造足够的开阔感，相对于通道空间，其宽高比要求更高；不同功能类型地下空间主体空间尺度要求不同，以交通功能为主导的空间宽高比要求应低于其他类型空间。具体评分价评价依据见表 3.26。

表 3.26 主体空间尺度

评分项得分	评价依据		
	以交通为导向的城市地下空间宽高比	以商业为导向的城市地下空间宽高比	以文化体育为导向的城市地下空间宽高比
4	>2	>3	>3
2	1(含)～2(含)	1(含)～3(含)	1(含)～3(含)
0	<1	<1	<1

通道空间功能为人员流通，其空间尺度设置应能促进人具有前进的意愿，具体评分及评价依据见表 3.27。

表 3.27 通道尺度

评分项得分	评价依据		
	以交通为导向的城市地下空间宽高比	以商业为导向的城市地下空间宽高比	以文化体育为导向的城市地下空间宽高比
4	>1.5	>2	>2
2	1(含)~1.5(含)	1(含)~2(含)	1(含)~2(含)
0	<1	<1	<1

2. 空间丰富性

在无智能评价模型情况下，空间丰富性应考虑空间丰富度，从空间色彩、空间形态变化、空间层次性衔接及空间亮度感等要素进行评价，采用累计式计分，具体评分及评价依据见表 3.28、表 3.29。

表 3.28 空间丰富度

评分项得分	评价依据
4	满足表 3.29 中 4 条要求
3	满足表 3.29 中 3 条要求
2	满足表 3.29 中 2 条要求
1	满足表 3.29 中 1 条要求
0	不满足任何要求

表 3.29 空间丰富性累计项

累计项得分	评价依据
1	形成多样化的空间单元，增强空间场所的领域感
1	利用休憩空间进行私密性的营造，在不同空间的衔接部分增加过渡缓冲区，帮助人们适应不同的空间变化
1	利用地下广场、中庭、通道休憩空间，进行分层次空间布局，并加强围合空间的开敞性和自然景观的引入
1	主体色彩少于 3 种，且具备较好的视觉舒适度

在已构建智能评价模型情况下，空间丰富性可通过智能评价模型进行评价，无需上述具体条文。智能评价模型具体构建方法见第 5 章。

3. 空间开放度

空间开放度可通过空间中自然光及景观引入程度进行评价，并根据地下空间范围内自然光引入区域所占面积比例进行评价，具体评分及评价依据见表 3.30。

表 3.30　自然光及景观引入

评分项得分	评价依据
4	区域范围内引入自然光区域面积占比达到 30%及以上
3	区域范围内引入自然光区域面积占比达到 20%
2	区域范围内引入自然光区域面积占比达到 10%
1	区域范围内存在引入自然光区域
0	不存在引入自然光区域

3.2.2　生理环境舒适度

生理环境主要包括声环境、光环境、热环境、湿环境及空气环境，而热湿环境与空气环境存在一定关联性，因此，选取声环境舒适度、光环境舒适度、热湿环境及空气质量作为三级指标。

1. 声环境舒适度

地下空间声环境舒适度在《地下建筑空间声环境控制标准》(CECS 371—2014)[44]中已有条文规定，其评价指标包括背景噪声、混响时间，因此，选取背景声场、混响时间作为评分项。

背景声场通过测量背景噪声的分贝等级，衡量空间声环境舒适度。《地下建筑空间声环境控制标准》(CECS 371—2014)针对地下车站、地下商业空间、地下停车场三类环境背景噪声作出详细规定，地下车站站台及站厅在无列车情况下等效连续 A 声级下不得超过 70 dB，地下商业空间在空场情况下连续 A 声级不得超过 60 dB[44]。因此，在本评价体系中，以交通功能为主导的地下空间采用 70 dB 作为基础要求，以商业、文化体育功能为主导的地下空间采用 60 dB 作为基础要求。具体评分及评价依据见表 3.31。

表 3.31　背景声场

评分项得分	评价依据	
	以交通为导向的城市地下空间	以商业及文化体育为导向的城市地下空间
4	等效连续 A 声级≤49 dB	等效连续 A 声级≤42 dB
3	等效连续 A 声级≤56 dB	等效连续 A 声级≤48 dB
2	等效连续 A 声级≤63 dB	等效连续 A 声级≤54 dB
1	等效连续 A 声级≤70 dB	等效连续 A 声级≤60 dB
0	等效连续 A 声级>70 dB	等效连续 A 声级>60 dB

混响时间主要用来衡量音质及声音的清晰程度。地下车站及地下商场中 125～250 Hz 频段(低频)混响时间不宜超过 1.8 s,500～1 000 Hz 频段(中频)混响时间不超过 1.5 s,2 000～4 000 Hz 频段(高频)混响时间不超过 1.3 s[44]。因此,本评价体系中以交通、商业及文化体育为主导的地下空间主体采用统一标准,以上述混响时间为基准值,具体评分及评价依据见表 3.32。

表 3.32　混响时间

评分项得分	评价依据
4	在满足 1 分要求的基础上,高、中、低频段中某一个或者几个频段混响时间低于基准值 30%
3	在满足 1 分要求的基础上,高、中、低频段中某一个或者几个频段混响时间低于基准值 20%
2	在满足 1 分要求的基础上,高、中、低频段中某一个或者几个频段混响时间低于基准值 10%
1	高、中、低频段混响时间均小于对应的基准值
0	未满足上述要求

注:混响时间测量方法参考《室内混响时间测量规范》(GB/T 50076—2013)[45]。

2. 光环境舒适度

光环境需要考虑照度、灯光色温、眩光等因素。地下空间照度影响空间的明亮度,照度过高会影响人视觉健康，而照度过低会增加地下空间压抑感，甚至引发幽闭恐惧症等心理障碍；地下空间灯光色温会影响空间色彩基调，进而影响人心理感知；眩光是影响人视觉健康的一个重要因素，严重时部分眩光可造成人眼失明。因此，选用眩光控制、人工光谱、设计光照作为评分项。

眩光控制影响人视觉健康，可通过眩光控制区域效果进行评价，具体评分及评价依据见表 3.33。

表 3.33　眩光控制

评分项得分	评价依据
4	无眩光控制不良区域
3	存在 1 处眩光控制不良区域
2	存在 2 处眩光控制不良区域
1	存在 3 处眩光控制不良区域
0	存在 3 处及以上眩光控制不良区域

在未构建智能评价模型时，人工光谱可根据灯光色彩及色温不舒适区域数量进行评价，具体评分及评价依据见表 3.34。

在已构建智能评价模型时，人工光谱评分根据智能评价模型结果确定，具体构建方法可见第 5 章。

表 3.34　人工光谱

评分项得分	评价依据
4	无灯光色彩色温不舒适区域
3	存在 1 处色彩色温不舒适区域
2	存在 2 处色彩色温不舒适区域
1	存在 3 处色彩色温不舒适区域
0	存在 3 处及以上色彩色温不舒适区域

3. 热湿环境及空气质量

温湿度相关要求在《民用建筑供暖通风与空气调节设计规范》（GB 50736—2012）[46] 中

已有详细描述,并被分为Ⅰ级和Ⅱ级两个等级,温湿度控制具体评分及评价依据见表3.35。

表3.35 温湿度控制

评分项得分	评价依据
4	温湿度满足《民用建筑供暖通风与空气调节设计规范》(GB 50736—2012)热舒适度Ⅰ级
2	温湿度满足《民用建筑供暖通风与空气调节设计规范》(GB 50736—2012)热舒适度Ⅱ级
0	不满足上述要求

室内空气质量要求在《室内空气质量标准》(GB/T 18883—2002)[47]中已有详细规定,该标准针对空气中一氧化碳、甲醛、苯、可吸入颗粒物、氡等多类物质浓度给出明确的标准值。因此,基于该标准,室内空气质量控制评分及评价依据见表3.36。

表3.36 室内空气质量控制

评分项得分	评价依据
4	在1分的基础上,空气中各物质浓度低于最低标准值30%
3	在1分的基础上,空气中各物质浓度低于最低标准值20%
2	在1分的基础上,空气中各物质浓度低于最低标准值10%
1	空气中各物质浓度满足《室内空气质量标准》(GB/T 18883—2002)
0	不满足上述要求

3.2.3 功能与服务舒适度

现有相关标准未针对地下空间设施设备服务及功能类型开展评价工作,而功能与服务直接影响在地下空间获取相关服务便利性及生活体验,将其用于评价空间功能丰富度、相应设施设备的服务效率及全面性。因此,选取功能丰富性、设施服务性、服务效率作为三级指标。

1. 功能丰富性

功能丰富性应重点关注地下空间中功能的种类,并兼顾考虑地下空间人员滞留,发展地下空间中的休憩空间。因此,选取功能类型、休憩空间占比作为评分项。

功能类型通过地下空间中功能种类进行评价。地下空间功能包括但不限于交通、商业、娱乐、文化、体育等功能，具体评分及评价依据见表 3.37。

表 3.37 功能类型

评分项得分	评价依据
4	具备 5 种及以上功能
3	具备 4 种功能
2	具备 3 种功能
1	具备 2 种功能
0	只具备 1 种功能

休憩空间占比通过休憩空间面积占区域总建筑面积比例进行评价，具体评分及评价依据见表 3.38。

表 3.38 休憩空间占比

评分项得分	评价依据		
	以交通为导向的城市地下空间	以商业为导向的城市地下空间	以文化体育为主导的城市地下空间
4	<2%	<3%	<3%
2	2%～3%	3%～4%	3%～4%
0	>3%	>4%	>4%

2. 设施服务性

地下空间设施包括休憩设施、无障碍设施、服务性设施、机电设施等，其中机电设施与人生活相关度低，因此，地下空间设施服务性应从休憩设施、无障碍设施、服务性设施三方面开展评价，选取休憩设施与服务设施、无障碍设施作为评分项。

休憩设施与服务设施具体评分及评价依据见表 3.39。

无障碍设施设置应符合《无障碍设计规范》(GB 50763—2012)[48] 要求，评价设施包括轮椅坡道、无障碍电梯、升降平台、无障碍厕位、无障碍小便池、无障碍洗手盆，具体评分及评价依据见表 3.41。

表 3.39 休憩设施与服务设施

评分项得分	评价依据
4	满足表 3.40 中 4 条要求
3	满足表 3.40 中 3 条要求
2	满足表 3.40 中 2 条要求
1	满足表 3.40 中 1 条要求
0	未满足表 3.40 中任何要求

表 3.40 休憩设施与服务设施累计项

累计项得分	评价依据
1	设置座椅等休憩设施
1	设置卫生间等卫生服务设施
1	设置服务中心等咨询服务设施
1	设置母婴等特殊人员服务室

表 3.41 无障碍设施

评分项得分	评价依据
4	在 2 分的基础上，无障碍设施总数量高于基准值总量 20%
3	在 2 分的基础上，无障碍设施总数量高于基准值总量 10%
2	相关无障碍设施设置及数量满足《无障碍设计规范》(GB 50763—2012)要求
0	相关无障碍设施数量未满足《无障碍设计规范》(GB 50763—2012)要求

注：《无障碍设计规范》(GB 50763—2012)中未标明最低数量要求的设施，用 1 作为基准值。

3. 服务效率

服务效率应从相应功能的服务时长、对应设施设备的服务便利性进行评价。选取服务时长、服务便利性作为评分项。

服务时长根据地下空间主体功能进行评价，具体评分及评价依据见表 3.42。

表 3.42　服务时长

评分项得分	评价依据
4	评价区域内主体功能 24 h 服务
3	评价区域内主体功能服务时长≥16 h
2	评价区域内主体功能服务时长≥12 h
1	评价区域内主体功能服务时长≥8 h
0	未满足上述要求

服务便利性通过相关设施的覆盖度进行评价，采用累计式计分，具体评分及评价依据见表 3.43。

表 3.43　服务便利性

评分项得分	评价依据
4	满足表 3.44 中 4 条要求
3	满足表 3.44 中 3 条要求
2	满足表 3.44 中 2 条要求
1	满足表 3.44 中 1 条要求
0	未满足表 3.44 中任何要求

表 3.44　服务便利性累计得分项

累计项得分	评价依据
1	区域内每 500 m^2 设置 1 处公共充电服务设施
1	区域内每 1 000 m^2 设置 1 处公共卫生服务设施
1	区域内每 1 000 m^2 设置 1 处母婴室
1	区域内每 500 m^2 设置 1 处咨询服务设施

3.2.4　审美体验舒适度

审美体验舒适度影响人在地下空间的视觉舒适感，应从文化体现、区域标志、环境艺术三方面开展评价。因此，选取景观标志性、环境艺术性、文化特色性作为三级指标。

1. 景观标志性

景观标志性应考虑地下空间在整体区域的标志性，同时考虑地下空间节点在地下空间的标志性，因此，选取区域标志性、内部标志性作为评分项。

区域标志性通过具备外部导引或地面融合特征的标志物数量进行评价，具体评分及评价依据见表3.45。

表3.45 区域标志性

评分项得分	评价依据
4	具备4处外部导引或地面融合特征的标志物
3	具备3处外部导引或地面融合特征的标志物
2	具备2处外部导引或地面融合特征的标志物
1	具备1处外部导引或地面融合特征的标志物
0	不具备外部导引或地面融合特征的标志物

内部标志性通过具备内部导引的标志物数量进行评价，具体评分及评价依据见表3.46。

表3.46 内部标志性

评分项得分	评价依据
4	具备4处内部导引的标志物
3	具备3处内部导引的标志物
2	具备2处内部导引的标志物
1	具备1处内部导引的标志物
0	不具备内部导引的标志物

2. 环境艺术性

在未构建智能评价模型时，环境艺术性应考虑艺术品设置、空间造型。艺术品设置可通过空间内所设置的壁画、雕塑等艺术品美感进行评价，根据人感受差、合格、中、良、优分别给予0～4分。评分通过问卷形式进行确定，问卷发放数量不应少于100份，回收有效问卷数量不应少于 50 份。

空间造型可通过地下空间中具有美学韵律的区域数量进行评价，具体评分及评价依据见表 3.47。

表 3.47 空间造型

评分项得分	评价依据
4	存在 4 处具备美学韵律的区域
3	存在 3 处具备美学韵律的区域
2	存在 2 处具备美学韵律的区域
1	存在 1 处具备美学韵律的区域
0	不具备有美学韵律的区域

在已构建智能评价模型时，地下空间环境艺术性评分由智能评价模型给出，具体构建方法见第 5 章。

3. 文化特色性

文化特色性应考虑地下空间地域文化体现、表达多样性。

地域文化体现可根据地域文化体现的优劣进行评价，通过问卷调查形式，按人主观感受差、合格、中、良、优分别给予 0～4 分。问卷发放数量不应少于 100 份，回收有效问卷数量不应少于 50 份。评分取平均值四舍五入的结果。

表达多样性可通过地下空间中所采用的文化表达手法的类别数量进行评价，具体评分及评价依据见表 3.48。文化表达手法类别由专家进行界定。

表 3.48 表达多样性

评分项得分	评价依据
4	存在 5 种及以上文化表达手法
3	存在 4 种文化表达手法
2	存在 3 种文化表达手法
1	存在 2 种文化表达手法
0	文化表达手法单一，不具备趣味性

3.3 便捷性指标

3.3.1 外部连通可达性

地下空间是城市重要组成部分，应该与地面交通有效衔接起来。影响地下空间内外交通有效衔接的因素包括外部路网设置、外部公共交通设置、出入口设置和停车位设置。外部路网设置及停车位设置是影响地表车辆能否到达地下空间的重要因素；出入口设置位置、数量及方位是影响地表人流能否高效到达地下空间的重要因素；外部公共交通设置是影响地下交通与地表交通有效衔接的重要因素，地下空间周边地表公共交通类型越多，地上地下衔接更高效。因此，选取外部连通设计、出入口设计、公共交通接驳作为三级指标。

1. 外部连通设计

影响外部连通设计的因素包括周边车流量、外部路网密度、外部路网设置、停车位设置等。外部路网设置决定了地下空间是否可以通过地面公共交通及私人交通工具到达地下空间，即可达性；周边车流量影响通过地面公共交通及私人交通工具到达地下空间的效率；外部路网密度不仅影响地下空间的可达性，同时还是影响周边道路车流量的因素；停车位设置影响通过私家车到达地下空间的效率，具备足够数量停车位的地下空间能有效解决私家车出行停车问题，从而提升地下空间商业价值。综上，选取可达性、畅通性、停车位配置作为评分项。

可达性分析是空间句法中较为成熟的方法，评价指标包括深度值和整合度值[49]。深度值表示两节点转换次数，整合度值由平均深度值计算得来，因此选用整合度评价地下空间可达性，根据整合度值高低分别给予 0～4 分，整合度越高，则空间可达性越高。

路面拥堵率是影响地面道路交通系统效率的重要因素[50]，因此，选用路面拥堵率评价地面畅通性，具体评分及评价依据见表 3.49。

表 3.49　畅通性

评分项得分	评价依据
4	道路拥堵等级符合表 3.50 中一级要求
3	道路拥堵等级符合表 3.50 中二级要求

(续表)

评分项得分	评价依据
2	道路拥堵等级符合表 3.50 中三级要求
1	道路拥堵等级符合表 3.50 中四级要求
0	道路拥堵等级符合表 3.50 中五级要求

表 3.50　拥堵等级与路面拥堵率对应表[50,51]

拥堵等级	一级	二级	三级	四级	五级
路面拥堵率	[0，6%]	(6%，12%]	(12%，18%]	(18%，24%)	≥24%

路面拥堵率可直接通过高德地图、腾讯地图等平台数据直接获取，也可通过式(3.3)[50]进行计算：

$$R_{cs}=\frac{\sum_{i}^{N_{cs}}L_{csi}\cdot Q_{csi}}{\sum_{j=1}^{N_{cs}}L_j\cdot Q_j} \tag{3.3}$$

式中　R_{cs} ——主次干道及 E、F 级快速路的里程比例；

L_{csi} ——主次干道及 E、F 级快速路第 i 段长度；

N_{cs} ——主次干道及 E、F 级快速路段数量；

L_j ——主次干道及快速路第 j 段的道路长度；

Q_{csi} ——主次干道及 E、F 级快速路段交通量(pcu/h)；

Q_j ——主次干道及快速路交通量(pcu/h)。

2. 出入口设计

出入口设计包括出入口位置、出入口数量、出入口可通行量，其中出入口位置及数量对地上地下衔接影响最大。出入口位置宜与地面人流相适宜，宜选取面向人流向位置，其影响地上地下流通效率；出入口数量与地下空间向外通行能力成正比，影响地上地下流通效率；出入口可通行量用于衡量单个出入口通行能力，影响人员流通效率，可通过宽度进行衡量，在《地铁设计规范》(GB 50157—2013)中已有最低限值规定。本评价体系重点关注在基础值上的提升。因此，选取出入口布置、功能实现度作为评分项。

出入口布置通过所评价区域范围内通向地面出入口的数量进行评价，参考《地铁设计规范》(GB 50157—2013)中单层侧式站台直通地面出入口不少于 2 个的要求，针对地下空间特点，采用每1 000 m²内直通地面出入口数量进行评价，具体评分及评价依据见表3.51。

表3.51 出入口布置

评分项得分	评价依据
4	每1 000 m²直通地面出入口数量不少于5个
3	每1 000 m²直通地面出入口数量不少于4个
2	每1 000 m²直通地面出入口数量不少于3个
1	每1 000 m²直通地面出入口数量不少于2个
0	不满足上述要求

功能实现度可通过地下空间出入口宽度及提升设施对通行能力的贡献度进行评价，采用累计评分形式，满分为4分。以《地铁设计规范》(GB 50157—2013)中疏散宽度为基础值，具体评分及评价依据见表3.52、表3.53。

表3.52 出入口宽度

评分项得分	评价依据
2	出入口宽度大于基础值20%
1	出入口宽度不小于基础值
0	不满足上述要求

表3.53 通行能力贡献度

评分项得分	评价依据
2	区域内各出入口位置处设置了楼梯、自动扶梯及电梯
1	区域内各出入口位置处设置了楼梯及自动扶梯
0	区域内各出入口位置只有楼梯，无提升设施

3. 公共交通接驳

地上地下衔接的目标是地下交通联动地上交通，因此，应考虑地下空间周边公共交通类型及其接驳便利性。

公共交通类型可通过类型数量进行评价，包括公交、出租车、电车、轻轨等，具体评分及评价依据见表 3.54。

表 3.54　公共交通类型

评分项得分	评价依据
4	地面出入口处有 2 种公共交通工具
2	地面出入口处有 1 种公共交通工具
0	地面出入口无任何公共交通工具

接驳便利性可通过公共交通与地面出入口距离进行评价，具体评分及评价依据见表 3.55。

表 3.55　接驳便利性

评分项得分	评价依据
4	地面出入口离交通节点或接驳点距离不大于 50 m
3	地面出入口离交通节点或接驳点距离不大于 100 m
2	地面出入口离交通节点或接驳点距离不大于 200 m
1	地面出入口离交通节点或接驳点距离不大于 500 m
0	地面出入口离交通节点或接驳点距离大于 500 m

3.3.2　内部连通可达性

网络化地下空间是以单体空间为点、连通道为路径的组合体，而单体地下空间是以关键节点为点、通道为路径的组合体，两者共同交叉构建复杂的地下空间网络，影响其内部高效性的因素包括内部区域可达性、不同区域连通协调性及连通类型、连通道设置。内部区域可达性关注单体地下空间内部连通设置，其影响到达地下空间内某区域的效率；不同区域连通协调性影响整体空间人员流动的效率；连通道设置影响两区域间人员流动的效率。因此，选取内部连通可达性、连通协调性、连通路径设计作为三级指标。

1. 内部可达性

地下空间内部可达性可通过到达标志性节点及出入口节点的距离进行评价。

标志性节点距离可通过区域内最远位置与标志性节点的距离进行评价，具体评分及评价依据见表3.56。

表3.56 标志性节点距离

评分项得分	评价依据
4	区域内最远位置与标志性节点的距离不大于50 m
3	区域内最远位置与标志性节点的距离不大于100 m
2	区域内最远位置与标志性节点的距离不大于200 m
1	区域内最远位置与标志性节点的距离不大于500 m
0	区域内最远位置与标志性节点的距离大于500 m

出入口距离可通过区域中心点与最近出入口距离进行评价，具体评分及评价依据见表3.57。

表3.57 出入口距离

评分项得分	评价依据
4	区域中心点与最近出入口距离不大于50 m
3	区域中心点与最近出入口距离不大于100 m
2	区域中心点与最近出入口距离不大于200 m
1	区域中心点与最近出入口距离不大于500 m
0	区域中心点与最近出入口距离大于500 m

2. 连通协调性

连通协调性用于评价连通道设置位置的合理性及其对整体区域流通的贡献，可通过渗透性及识别性进行评价。

渗透性可通过连接度指标进行评价。连接度表明该空间与周围其他空间的连接紧密性，可采用空间句法模型[52]进行评价，根据连接度值高低分别给予0～4分。

识别性可通过可理解度进行评价。可理解度表明空间与整体的相关程度，可采用空间句法模型进行评价，根据可理解度值高低分别给予0～4分。

3. 连通路径设计

连通路径设计用于评价地下空间连通路径设置数量及位置的合理性，可通过连通路径数量、路径距离进行评价。

连通路径数量主要用于评价地下空间某个位置到达其他位置的可达性。如果从空间某点到达其他位置连通路径数量少，则易造成空间流通堵塞及部分区域难到达，因此，可通过区域中心到达地上地下重要客流节点路径数量评价连通路径数量，具体评分及评价依据见表 3.58。

表 3.58　连通路径数量

评分项得分	评价依据
4	区域中心点到达地上地下重要客流节点距离不大于 50 m
3	区域中心点到达地上地下重要客流节点距离不大于 100 m
2	区域中心点到达地上地下重要客流节点距离不大于 200 m
1	区域中心点到达地上地下重要客流节点距离不大于 500 m
0	区域中心点到达地上地下重要客流节点距离大于 500 m

路径距离可通过区域中心到达地上地下重要客流节点数量进行评价，具体评分及评价依据见表 3.59。

表 3.59　路径距离

评分项得分	评价依据
4	区域中心有 5 条及以上路径到达周边地上及地下重要客流节点
3	区域中心有 4 条路径到达周边地上及地下重要客流节点
2	区域中心有 3 条路径到达周边地上及地下重要客流节点
1	区域中心有 2 条路径到达周边地上及地下重要客流节点
0	区域中心有 1 条及以下路径到达周边地上及地下重要客流节点

3.3.3　连通体系可达性

不同于内部连通可达性，连通体系可达性重点关注网络化地下空间中单体空间之间的连通。影响空间之间连通效率的因素包括连通方式、连通尺度及连通设施设备。连通方式影响不同空间连通效率、建造成本、消防疏散，包括通道连通、下沉广场连通、共墙连通、垂直连通等[53]；连通尺度影响地下空间人流高峰期流通效率及消防疏散效率；连通设施设备影响地下空间通行效率，包括自动扶梯、电梯、快速步道等。因此，选取连通方式、通道尺度、设施设备作为三级指标。

1. 连通方式

连通方式应结合需求及区域特点选用，可通过连通路径密度进行评价，具体评分及评价依据见表3.60。

表3.60 路径密度

评分项得分	评价依据
4	区域内单体地下空间之间连通路径密度不小于9.6 km/km^2
3	区域内单体地下空间之间连通路径密度不小于8.8 km/km^2
2	区域内单体地下空间之间连通路径密度不小于8 km/km^2
0	不满足上述要求

注：路径密度可通过区域内路径长度除以区域面积计算[54]。

2. 通道尺度

不同于舒适度中空间尺度的高宽比指标，通道尺度关注连通道宽度和连通道长度。

通道宽度影响高峰时间及灾害疏散时的人员流通效率。《建筑设计防火规范》(GB 50016—2014)中规定，单向布置高层公共建筑走道的最小宽度为1.30 m；《地铁设计规范》(GB 50157—2013)中规定，单向布置疏散通道最小宽度为1.20 m；双向布置时，两规范要求通道最小宽度为1.40 m。因此，选取1.20 m作为单向布置的基准值，选取1.40 m作为双向布置的基准值。具体评分及评价依据见表3.61。

表3.61 通道宽度

评分项得分	评价依据
4	区域内最小通道宽度在基准值基础上增加20%
3	区域内最小通道宽度在基准值基础上增加10%
2	区域内最小通道宽度不小于基准值
0	不满足上述要求

通道长度影响疏散效率及建造成本，可通过区域内长度小于 50 m 的连通道占比进行评价，具体评分及评价依据见表 3.62。

表 3.62　通道长度

评分项得分	评价依据
4	区域内长度小于 50 m 的通道数量占总通道数量比例不低于 90%
3	区域内长度小于 50 m 的通道数量占总通道数量比例不低于 80%
2	区域内长度小于 50 m 的通道数量占总通道数量比例不低于 70%
1	区域内长度小于 50 m 的通道数量占总通道数量比例不低于 60%
0	不满足上述要求

3. 设施设备

设施设备主要评价连通设施设备的设置合理性及多样性，可通过连通设施类型、设施设备便利性进行评价。

连通设施类型可通过类型数量进行评价，包括自动扶梯、楼梯、电梯、快速步道等，具体评分及评价依据见表 3.63。

表 3.63　连通设施类型

评分项得分	评价依据
4	区域内有 4 类及以上连通设施
3	区域内有 3 类连通设施
2	区域内有 2 类连通设施
0	区域内只有 1 类连通设施

设施设备便利性可通过设置相应设施节约的时间进行评价。以人步行速度为 0.8 m/s 计算得到的时间作为基准值，具体评分及评价依据见表 3.64。

表 3.64　设施设备便利性

评分项得分	评价依据
4	相关设施通行时间在基准值基础上减少 40%及以上
3	相关设施通行时间在基准值基础上减少 30%

（续表）

评分项得分	评价依据
2	相关设施通行时间在基准值基础上减少 20%
1	相关设施通行时间在基准值基础上减少 10%
0	相关设施通行时间要多于基准值

3.3.4 组织管理便利性

地下空间组织管理影响人员流通及疏散，是空间流通效率评价的重要部分。影响组织管理的因素包括空间导向标识设置、空间瓶颈设置、空间内分流及引导。地下空间中易使人产生迷失感，导向标识设置的合理性及连续性影响人员流通效率；空间瓶颈设置包括布局瓶颈、人为瓶颈，人为瓶颈在地下空间最为常见，其设置的数量及合理性影响人员流通效率；空间内分流及引导影响地下空间中高峰时间人员流通效率。因此，选取导向标识、瓶颈管理、智能智慧化辅助设施进行评价。

1. 导向标识

导向标识的设置要素包括设置间距、设置内容。设置间距影响导向标识的连续性，标识设置间距过大易造成人在地下空间迷失；设置内容影响人对标识的理解，标识内容需要传达正确且易被理解。因此，选取导向标识间距、标识可理解性作为评分项。

导向标识间距在相关规范中未有明确规定，因此，借鉴消防疏散标识间距设置要求。《建筑设计防火规范》(GB 50016—2014)中规定，一般通道消防标识间距不大于 20 m，考虑到导向标识重要度低于消防标识，因此，导向标识间距最低值定为 40 m，其评分及评价依据见表 3.65。

表 3.65　导向标识间距

评分项得分	评价依据
4	导向标识间距最小值不大于 15m
3	导向标识间距最小值不大于 20 m
2	导向标识间距最小值不大于 30 m
1	导向标识间距最小值不大于 40 m
0	导向标识间距最小值大于 40 m

标识可理解性可通过标识表达准确度进行评价。准确度由五人评价小组进行评定，可通过正确理解标识内容的人数进行评价，其准确度满分为5分，具体评分及评价依据见表3.66。

表3.66　标识可理解性

评分项得分	评价依据
4	标识表达准确度为5分
3	标识表达准确度为4分
2	标识表达准确度为3分
1	标识表达准确度为2分
0	标识表达准确度为1分

2. 瓶颈管理

瓶颈管理主要关注区域内人为瓶颈设置，可通过通道内障碍设施数量中位数进行评价，具体评分及评价依据见表3.67。

表3.67　障碍设施

评分项得分	评价依据
4	通道内障碍设施数量中位数为0
3	通道内障碍设施数量中位数为1
2	通道内障碍设施数量中位数为2
1	通道内障碍设施数量中位数为3
0	通道内障碍设施数量中位数为4及以上

3. 智慧化辅助设施

智慧化辅助设施主要评价区域内智慧化程度，可通过相关智慧化设施使用、实现智能引导及分流情况进行评价。

智慧化辅助设施使用可通过区域内所使用的智慧化辅助设施数量进行评价，具体评分及评价依据见表3.68。

表 3.68　智慧化辅助设施使用

评分项得分	评价依据
4	区域内使用 4 类及以上智慧化辅助设施
3	区域内使用 3 类智慧化辅助设施
2	区域内使用 2 类智慧化辅助设施
1	区域内使用 1 类智慧化辅助设施
0	区域内未使用任何智慧化辅助设施

实时智能引导及分流可通过实现智能引导及分流的区域数量进行评价，具体评分及评价依据见表 3.69。

表 3.69　实时智能引导及分流

评分项得分	评价依据
4	存在 4 处及以上智能引导及分流的区域
3	存在 3 处智能引导及分流的区域
2	存在 2 处智能引导及分流的区域
1	存在 1 处智能引导及分流的区域
0	没有实现智能引导及分流的区域

第4章 城市地下空间可持续性品质评价指标体系

本着城市地下空间可持续发展理念，兼顾地下工程安全、适用、美观的需求，从环境、资源、经济、智能化手段等方面入手，分析地下空间可持续性评价的相关影响因素，建立了以质量、效益、绿色为一级指标的可持续性品质评价指标体系，并对各指标的打分原则给出了定量化的标准。

4.1 质量评价

4.1.1 工程质量管控

1. 防水质量

防水质量可通过结构防水能力进行评价。《地铁设计规范》(GB 50157—2013)[30]中规定人活动的站台防水等级为1级,结构应无渗水且表面无湿渍,可通过不满足渗漏要求区域数量进行工程防水质量评价,具体评分及评价依据见表4.1。

表4.1 工程防水质量

评分项得分	评价依据
4	所有区域内的结构湿渍面积及平均渗漏量满足《地下工程防水技术规范》(GB 50108—2008)[55]中有关规定
3	存在1处区域内的结构湿渍面积及平均渗漏量不满足《地下工程防水技术规范》(GB 50108—2008)中有关规定
2	存在2处区域内的结构湿渍面积及平均渗漏量不满足《地下工程防水技术规范》(GB 50108—2008)中有关规定
1	存在3处区域内的结构湿渍面积及平均渗漏量不满足《地下工程防水技术规范》(GB 50108—2008)中有关规定
0	存在4处及以上区域内的结构湿渍面积及平均渗漏量不满足《地下工程防水技术规范》(GB 50108—2008)中有关规定

2. 表观质量

表观质量可通过装饰工程质量进行评价,具体评分及评价依据见表4.2。

3. 安装质量

安装质量可通过电气、设备安装工程质量进行评价。电气、设备安装工程质量评价应遵循安全可靠、功能完善、美观先进的原则,可根据表4.3计算累计得分确定。

表 4.2　装饰工程质量

评分项得分	评价依据
2	工程在舒适性等方面满足用户要求，观感质量精良。有特殊要求的功能质量应达到相关的专业要求
1	满足建筑功能和使用安全的要求，其性能检测达到或超过设计和规范要求
0	有达不到标准或安全使用要求的项

表 4.3　电气、设备安装工程评分累计项

累计项得分	评价依据
1	建筑给排水及采暖工程性能检测一次测试实得分值 100%
1	建筑电器安装工程性能检测一次测试实得分值 100%
1	通风空调工程性能检测一次测试实得分值 100%
1	电梯安装工程性能检测一次测试实得分值 100%
1	智能建筑工程性能检测一次测试实得分值 100%

4. 本体质量

本体质量可通过主体结构可靠耐久性进行评价。主体结构可靠耐久性根据表 4.4 计算累计得分确定。

表 4.4　主体结构可靠耐久性评分累计项

累计项得分	评价依据
1	经现场调查未发现主体结构工程出现裂缝、倾斜或变形，地基基础周围回填土沉陷造成散水被破坏情况，变形缝、防震缝的设置或构造合理，且无开裂变形情况
1	经现场调查未发现地基基础周围回填土沉陷造成散水被破坏情况
1	变形缝、防震缝的设置或构造合理，且无开裂变形情况
1	实体混凝土强度、实体钢筋保护层厚度，钢结构焊缝内部质量，高强螺栓连接副紧固质量及其涂装、防腐和防火质量等应超过设计及规范要求；砌体工程层高及全高垂直度质量偏差值控制满足要求
1	现场(包括焊缝、钢结构表面、涂层、防火涂料表面、压型钢板安装及钢平台等)观感好，安装质量上乘

4.1.2 过程质量管控

1. 重大安全事故

重大安全事故可通过项目建设期重大安全事故进行评价。项目建设期重大安全事故可通过项目建设过程中发生的重大安全事故的总数量进行评价，具体评分及评价依据见表4.5。

表4.5 重大安全事故

评分项得分	评价依据
4	项目建设期未发生重大安全事故
3	项目建设期发生1起重大安全事故
2	项目建设期发生2起重大安全事故
1	项目建设期发生3起重大安全事故
0	项目建设期发生4起及以上重大安全事故

2. 分部工程验收

分部工程验收可通过工程评审通过率进行评价，具体评分及评价依据见表4.6。

表4.6 工程评审通过率

评分项得分	评价依据
4	分部工程验收可通过工程评审通过率为100%
3	分部工程验收可通过工程评审通过率为95%～100%
2	分部工程验收可通过工程评审通过率为90%～95%
1	分部工程验收可通过工程评审通过率为85%～90%
0	分部工程验收可通过工程评审通过率低于85%

3. 施工安全管理

施工安全管理可通过施工安全隐患、施工管理组织进行评价。

施工安全隐患可通过每平方千米内安全隐患数量进行评价，具体评分及评价依据见表4.7。

表4.7 施工安全隐患数量

评分项得分	评价依据
4	每平方千米内安全隐患数量为0
2	每平方千米内安全隐患数量为0～1(含)
0	每平方千米内安全隐患数量大于1

施工管理组织应从工人安全意识教育、安全管理规范、风险预评估等方面综合评估，可根据表4.8所示累计项计算累计得分。

表4.8 施工管理组织

累计项得分	评价依据
1	每星期定期进行工人安全意识教育
1	具有完备的施工安全管理规范
1	具有完备的施工现场监测手段
1	针对施工过程中各类风险提前评估

4.1.3 智能化及系统化控制

智能化及系统化控制为创新分项，用于评价智慧化手段对工程整体质量的提升程度。城市地下空间品质评价关注地下空间全寿命周期，智慧化手段应贯彻规划、设计、建设、运营多个阶段，落实在能耗控制、运营管理、全寿命周期控制上。因此，选取环境及能源智能控制、常用设备利用率、全寿命一体化控制、主体工程装配化程度作为三级指标。

1. 环境及能源智能控制

环境及能源智能控制评价通过智能化手段节约能源及降低成本的效果，可通过综合能耗降低率、运营成本降低率进行评价。

综合能耗降低率可通过整体能耗降低率进行评价，具体评分及评价依据见表4.9。

表 4.9　综合能耗降低率

评分项得分	评价依据
4	综合能耗降低率不小于 40%
3	综合能耗降低率不小于 30%
2	综合能耗降低率不小于 25%
1	综合能耗降低率不小于 20%
0	未满足上述要求

运营成本降低率可通过降低的运营成本比例进行评价，具体评分及评价依据见表 4.10。

表 4.10　运营成本降低率

评分项得分	评价依据
4	运营成本降低率不小于 40%
3	运营成本降低率不小于 30%
2	运营成本降低率不小于 25%
1	运营成本降低率不小于 20%
0	未满足上述要求

2. 常用设备利用率

常用设备利用率可通过设备闲置率进行评价，具体评分及评价依据见表 4.11。

表 4.11　设备闲置率

评分项得分	评价依据
4	设备闲置率在 10%(含)～20%
3	设备闲置率在 5%(含)～10%或 20%～25%(含)
2	设备闲置率小于 5%(含)或在 25%～30%(含)
1	设备闲置率 30%～40%(含)
0	设备闲置率大于 40%

3. 全寿命一体化控制

全寿命一体化控制可通过地下空间中智能化技术运用阶段进行评价，具体评分及评价依据见表4.12。

表4.12 地下空间智能化技术运用阶段

评分项得分	评价依据
4	智能化手段在规划、设计、施工、运维四个阶段中的4个阶段使用
3	智能化手段在规划、设计、施工、运维四个阶段中的3个阶段使用
2	智能化手段在规划、设计、施工、运维四个阶段中的2个阶段使用
1	智能化手段在规划、设计、施工、运维四个阶段中的1个阶段使用
0	未满足上述要求

4. 主体工程装配化程度

主体工程装配化程度主要根据《装配式建筑评价标准》(GB/T 51129—2017)进行评价，具体评分及评价依据见表4.13。

表4.13 主体工程装配率

评分项得分	评价依据
4	根据《装配式建筑评价标准》(GB/T 51129—2017)，评价为AAA级装配式建筑
3	根据《装配式建筑评价标准》(GB/T 51129—2017)，评价为AA级装配式建筑
2	根据《装配式建筑评价标准》(GB/T 51129—2017)，评价为A级装配式建筑
1	主体工程未考虑预制部品部件的应用比例≥35%
0	主体工程未考虑预制部品部件的应用比例<35%

4.2 效益评价

城市地下公共空间建设需考虑空间规模、社会效益、经济效益。地下空间规模应考虑区域发展、人流规模，地下空间规模过大易造成高昂建设成本；地下空间建设应结合区域人流增长特点，考量其社会效益及经济效益；在空间规划设计时，应为后期设施设备更换预留空间，促进全寿命周期内可持续发展。因此，效益评价选取社会效益、经济效益作为三级指标。

4.2.1 社会效益

1. 区域人流增长

区域人流增长评价地下空间设计时规模设置的合理性，可通过设计时考虑区域人流增长变化的年限时长进行评价。具体评分及评价依据见表 4.14。

表 4.14 区域人流增加变化

评分项得分	评价依据
4	考虑 15 年及以上人流增加变化
3	考虑 10 年及以上人流增加变化
2	考虑 5 年及以上人流增加变化
1	考虑 2 年及以上人流增加变化
0	未满足上述要求

2. 近远期协调性

近远期协调性评价地下空间建设近远期工程的协调程度，可通过相应近期及远期规划年限进行评价。具体评分及评价依据见表 4.15。

表 4.15 近远期规划年限

评分项得分	评价依据
4	考虑 15 年及以上近期及远期规划
3	考虑 10 年及以上近期及远期规划
2	考虑 5 年及以上近期及远期规划
1	考虑 2 年及以上近期及远期规划
0	未满足上述要求

3. 区域土地增值

区域土地增值可通过区域土地增值率进行评价。区域土地增值率有效衡量了地下工程对周边环境社会层面的提升程度，具体评分及评价依据见表 4.16。

表 4.16　区域土地增值率

评分项得分	评价依据
4	区域土地增值率达到 20%
3	区域土地增值率达到 15%
2	区域土地增值率达到 10%
1	区域土地增值率达到 5%
0	未满足上述要求

4. 提高交通效率

提高交通效率可通过绕行系数进行评价。绕行系数主要评价地下空间是否提高了原有地面交通效率，其可通过工程建设前后地面两点实际行走距离与直线距离之比进行评价，具体评分及评价依据见表 4.17。

表 4.17　绕行系数

评分项得分	评价依据
4	绕行系数不大于 1.2
3	绕行系数不大于 1.3
2	绕行系数不大于 1.4
1	绕行系数不大于 1.5
0	未满足上述要求

5. 提供公共空间

提供公共空间可通过区域内公共空间增长率进行评价，具体评分及评价依据见表 4.18。

表 4.18　区域内公共空间增长率

评分项得分	评价依据
4	区域内公共空间增长率达到 0.4%及以上
3	区域内公共空间增长率达到 0.3%
2	区域内公共空间增长率达到 0.2%
1	区域内公共空间增长率达到 0.1%
0	未满足上述要求

6. 提供市政空间

提供市政空间可通过区域内市政空间增长率进行评价，具体评分及评价依据见表4.19。

表 4.19 区域内市政空间增长率

评分项得分	评价依据
4	区域内市政空间增长率达到0.4%及以上
3	区域内市政空间增长率达到0.3%
2	区域内市政空间增长率达到0.2%
1	区域内市政空间增长率达到0.1%
0	未满足上述要求

4.2.2 经济效益

1. 项目收益率

针对以商业为主导的地下空间，应重点评价其地下空间盈利能力，可通过项目收益率进行评价，具体评分及评价依据见表4.20。

表 4.20 项目收益率

评分项得分	评价依据
4	在1分的基础上，项目收益率提高15%及以上
3	在1分的基础上，项目收益率提高10%
2	在1分的基础上，项目收益率提高5%
1	项目收益率达到预测值
0	未满足上述要求

2. 项目使用率

针对以交通及文化体育为主导的地下空间，应重点评价其在经济发展中带来的效益，可通过设施使用率进行评价，具体评分及评价依据见表4.21。

表 4.21　设施使用率

评分项得分	评价依据
4	在 1 分的基础上，设施使用率提高 15%及以上
3	在 1 分的基础上，设施使用率提高 10%
2	在 1 分的基础上，设施使用率提高 5%
1	设施使用率达到规划要求
0	未满足上述要求

3. 投资回收期

投资回收期可通过静态投资回收期进行评价。静态投资回收期可通过投资回收年限进行评价，具体评分及评价依据见表 4.22。

表 4.22　静态投资回收期

评分项得分	评价依据
4	投资回收年限不超过 5 年
3	投资回收年限为 6(含)～10(含)年
2	投资回收年限为 11(含)～20(含)年
1	投资回收年限为 21(含)～50(含)年
0	未满足上述要求

4. 节约市政投资

节约市政投资可通过所节约市政投资的费用比例进行评价，具体评分及评价依据见表 4.23。

表 4.23　节约市政投资率

评分项得分	评价依据
4	节约市政投资率达到 20%
3	节约市政投资率达到 15%
2	节约市政投资率达到 10%
1	节约市政投资率达到 5%
0	未满足上述要求

5. 减少征地费用

减少征地费用可通过所节约的征地费用占总费用的比例进行评价，具体评分及评价依据见表 4.24。

表 4.24　节约征地费用率

评分项得分	评价依据
4	节约征地费用率达到 20%
3	节约征地费用率达到 15%
2	节约征地费用率达到 10%
1	节约征地费用率达到 5%
0	未满足上述要求

4.3　绿色评价

4.3.1　环境效益

地下空间建设需关注地表生态环境及周边地下生态环境，其中，地表生态环境包括地表动植物、空气质量等，周边地下生态环境主要为地下水生态环境[56]。地下空间建设过程中一般采用明挖法，上覆土及植物通常会被移除，其地表生态环境会遭到破坏，而施工过程中的尘土会进一步恶化城市空气质量。工程建设后的修复工作若未采取合理的措施进行弥补，也会恶化周围地表环境及空气质量。同时，无论是采用明挖还是暗挖方法施工，周边地下水环境必定会遭到破坏，而有效的监测手段及修复手段对于恢复城市地下水环境尤为重要。因此，选取生态保护、特殊风貌、空间协调作为三级指标。

1. 生态保护

生态保护可通过场地生态系统保护和修复措施进行评价。场地生态系统保护和修复可通过采用的保护及修复措施数量进行评价，具体评分及评价依据见表 4.25。

表 4.25 场地生态系统保护和修复

评分项得分	评价依据
4	在1分的基础上,采用3种及以上恢复或补偿措施
3	在1分的基础上,采用2种恢复或补偿措施
2	在1分的基础上,采用1种恢复或补偿措施
1	采用近地表层土回收利用
0	区域内未采用任何生态保护及修复措施

2. 特殊风貌

特殊风貌可通过场地特殊风貌融合设计进行评价。场地特殊风貌设计可通过专家主观打分形式进行评价,按差、合格、中、良、优分别给予0～4分。其中,专家主观打分表发放数量不应少于30份,回收有效打分表数量不应少于30份。

3. 空间协调

空间协调可通过场地空间协同及预留进行评价。场地空间协同及预留可通过专家主观打分形式进行评价,根据地下空间协同程度及空间预留情况,按差、合格、中、良、优分别给予0～4分。

4.3.2 资源节约

地下空间规划及建设应关注的资源包括水资源、可再生资源、建设材料。不同于地上空间节约土地要求,地下空间更加关注建设过程中材料损失及再利用、运营过程中可再生资源利用和水资源再利用。因此,选取可再生能源利用、节水及再利用、节材及循环利用作为三级指标。

1. 可再生能源利用

可再生能源利用需考虑自然光替代率、可再生能源供电比例。

自然光替代率可通过自然光照明区域面积占比进行评价,具体评分及评价依据见表4.26。

表 4.26 自然光替代率

评分项得分	评价依据
4	自然光照明区域面积占比高于10.0%
3	自然光照明区域面积占比不高于10.0%
2	自然光照明区域面积占比不高于5.0%
0	自然光照明区域面积占比低于2.5%

可再生能源供电应考虑生活热水用电、环境制冷制热、生活用电供电比例，根据表4.27—表4.29计算累计得分。

表 4.27　提供生活热水比例

累计项得分	评价依据
1	可再生能源提供生活热水比例大于80.0%
0.75	可再生能源提供生活热水比例不低于65.0%
0.5	可再生能源提供生活热水比例不低于50.0%
0.25	可再生能源提供生活热水比例不低于35.0%
0	可再生能源提供生活热水比例低于35.0%

表 4.28　提供环境制冷制热比例

累计项得分	评价依据
1	可再生能源提供环境制冷制热比例大于80.0%
0.75	可再生能源提供环境制冷制热比例不低于65.0%
0.5	可再生能源提供环境制冷制热比例不低于50.0%
0.25	可再生能源提供环境制冷制热比例不低于35.0%
0	可再生能源提供环境制冷制热比例低于35.0%

表 4.29　提供生活用电比例

累计项得分	评价依据
2	可再生能源提供生活用电比例大于4.0%
1.5	可再生能源提供生活用电比例不低于3.0%
1	可再生能源提供生活用电比例不低于2.0%
0.5	可再生能源提供生活用电比例不低于1.0%
0	可再生能源提供生活用电比例低于1.0%

2. 节水及再利用

节水及再利用应从节水设施、水再利用方面入手，评价地下空间水资源利用效率。因此，选取节水装置及水再利用设备、雨水及杂排水再利用率作为评分项。

节水装置及水再利用设备可通过节水装置及再利用设备的使用情况进行评价。选取区域内最低评价分作为该区域分值，具体评分及评价依据见表 4.30。

表 4.30　节水装置及水再利用设备

评分项得分	评价依据
4	安装了节水及再利用设备
2	安装了节水装置
0	未满足上述要求

雨水及杂排水再利用可通过雨水利用率及杂排水利用率进行评价，根据表 4.31、表 4.32 计算累计得分。

表 4.31　雨水再利用率

累计项得分	评价依据
2	雨水再利用率在 20%及以上
1	采用了雨水再利用措施
0	未满足上述要求

表 4.32　杂排水再利用率

累计项得分	评价依据
2	杂排水再利用率在 20%及以上
1	采用了杂排水再利用措施
0	未满足上述要求

3. 节材及循环利用

节材及循环利用评价建设过程中建筑材料利用情况，相关建筑材料包括可循环材料、可再利用材料、利废建材及绿色建材[16]，可根据表 4.33—表 4.35 计算累计得分。

表 4.33　可循环材料及可再利用材料

累计项得分	评价依据
1	可循环材料及可再生利用材料用量在 15%及以上
0	未满足上述要求

表 4.34　利废建材

累计项得分	评价依据
2	采用 2 种及以上利废建材，占同类建材用量 30%及以上
1	采用 1 种利废建材，占同类建材用量 50%及以上
0	未满足上述要求

表 4.35　绿色建材

累计项得分	评价依据
1	绿色建材应用比例不低于 70%
0	未满足上述要求

4.3.3　设备可更新

城市地下公共空间建设需考虑设施设备可更新性等指标，包括设施设备更换时损耗程度，可通过更换无损性、备用设备及空间设置进行评价。

更换无损性评价应考虑空调管道、排水管道、电气配线、通信配线、设备通道及机动开口等[19]，根据表 4.36—表 4.40 计算累计得分。

表 4.36　空调管道

累计项得分	评价依据
1	为空间管道设置设备层
0.75	预留地上走管、顶棚空间
0.5	预留备用墙洞、缺口
0.25	针对空调管道的更换，预留穿墙套管
0	未满足上述要求

表 4.37 给排水管道

累计项得分	评价依据
1	采用单元配管、系统 WC 等
0.75	预留地上走管、顶棚空间
0.5	预留备用墙洞、缺口
0.25	针对给排水管道的更换，预留穿墙套管
0	未满足上述要求

表 4.38 电气配线

累计项得分	评价依据
1	不损伤结构材料及装饰材料，可更换电气配线
0.5	不损伤结构材料，可更换电气配线
0	未满足上述要求

表 4.39 通信配线

累计项得分	评价依据
1	不损伤结构材料及装饰材料，可更换通信配线
0.5	不损伤结构材料，可更换通信配线
0	未满足上述要求

表 4.40 设备通道及机动开口

累计项得分	评价依据
1	确保更换主要设备使用的通道和机动开口，且更换期间有备用设备
0.5	确保更换主要设备使用的通道和机动开口
0	未满足上述要求

备用设备及空间设置可通过备用空间的数量进行评价,具体评分及评价依据见表4.41。

表 4.41　备用设备及空间设置

评分项得分	评价依据
4	预留 4 处备用空间
3	预留 3 处备用空间
2	预留 2 处备用空间
1	预留 1 处备用空间
0	未满足上述要求

第5章 城市地下空间品质智能评价方法

基于前文品质评价指标体系及其标准，为解决舒适度等与人为感知密切相关指标的定量评价难题，本章将引入智能评价方法，分别采用基于图片的机器学习算法、空间句法等手段，开展视觉舒适度及便捷性的定量化评价，比较了不同算法的适宜性。同时以五角场地下空间开展案例分析，验证了方法的可行性，也为舒适度及便捷性的优化提出了建议。

5.1 智能评价方法现状

在品质评价方法方面，针对以人为本的规划设计方法，目前国内外在地下空间声、光、热、湿等物理环境方面进行了大量研究，相关分析和评价手段较为成熟，但在色彩、材质等心理感知环境方面研究相对较少。为评价空间的心理感知环境，在城市街景评价方面已展开大量研究，涉及方法包括：基于机器学习的评测方法、基于问卷调查的评价方法、基于虚拟现实的评测方法、基于生物感知传感的评测方法、基于多种技术交叉的评测方法。

其中，基于调查的主观评价方法最为成熟，早在 1972 年，Appleyard 等[57]就通过现场调查与观察方法对城市街道环境品质的影响因素进行判断，其后，以专家打分[58,59]和参与者打分[60,61]为主要评价方式的品质测度方法一直沿用至今。其依赖于大量问卷所形成的规律，评价局限性大，耗费人力且主观性强，不利于大范围内开展评价，针对上述问题，Maffei 等[62]采用沉浸式虚拟现实系统研究在不同场景人对噪声的感知，并分析出相应的影响因素。Meilinger 等[63]运用虚拟现实技术模拟城市环境，探索人的空间寻路行为与空间短时记忆的深层机制，Chokwitthaya 等[64]基于 Radience 和沉浸式虚拟现实系统，研究了多种场景下人对虚拟场景和现实场景之间的感知差异。Sun 等[65-67]基于虚拟现实系统，研究了地下空间中视觉舒适度及尺度感。基于虚拟现实的评价方法虽然解决了传统调查方法的场景局限性，但仍是主观评价方法，无法解决评价的主观性和片面性等问题。

随着生物传感器技术的发展，不少学者通过生物电信号、人体化学物质及眼球运动来对人的感知进行评测，Jiang 等[68]通过唾液皮质醇来评价人在绿色街道环境中感知压力的变化。Aspinall 等[69]采用低成本的 EEG 便携仪记录参与者的徒步过程，通过一种新形式的高维相关分量逻辑回归分析，评价人的短期激动、沮丧、长期激动及冥想。Dupont 等[70]通过眼动仪来观测使用者对景观图像的反馈。Egorov 等[71]通过测量血液中肾上腺素、纤维蛋白原等 18 种神经内分泌物及代谢物，研究植被覆盖对人生理的影响。Ergan 等[72]结合虚拟现实及 EEG、EMG、GSR、PPG 等生物传感器，量化人在不同建筑设计要素下的感知。上述生物传感技术通过脑电、肌电等设施传感器真实反映情绪及感知变化，但该设备反映的情绪类别存在限制，即只能判断人是否高兴、压抑；由于人的差异较大，脑电、肌电等设施传感器所得到的结果也存在较大差异，对于群体性的评判存在缺陷，即难以判断大量群体真实的感受；该方法的核心是评价个人的感受，方法虽是客观的，但产生的内容却是主观的,即只表达个人对于空间的感受。

基于机器学习的评测方法依赖于特征挖掘以及大量数据的收集,目前基于机器学习的评测分为语义分割与机器学习两大类。基于语义分割的评测主要通过 Unet、FCN 等卷积神经网络对图像实现像素级分类,从而分割出空间中各类物体,通过各类物体所占比例计算相应指标,得到具体结果。基于机器学习的评测借助卷积神经网络、手工特征等形式进行特征提取,并采用 SVM、XGBOOST、CNN 等算法进行训练,能进行较大范围内的图像评测,但是目前缺少对于算法及相关特征的深入挖掘。

此外,基于机器学习的评测方法更快速,更具备实际应用性。目前基于机器学习的视觉舒适度研究在建筑领域中研究较多。近年来,随着深度学习、虚拟现实等技术快速发展,从视觉等人为感知出发,场景化、综合化、智能化评价方法已开始涌现。其中基于街景图片的城市街道智能评价方法研究最受关注,该研究最早兴于 MIT 的 Place Pulse 项目,通过谷歌地图快速获取大量街景图片,采取众包机制对所收集到的图片进行对比,通过被选择的次数来进行评分。在 Place Pulse 1.0 数据库之后[73],更多与街景图片相关的数据库相继涌现,M. Cordts 等[74]介绍了 City Scape 数据库,Abhimanyu Dubey 等[75]基于 Place Pulse 2.0 数据库,通过图片对比来对数据库图片进行排序,同时采用 TrueSkill 进行评分,并训练出 Streetscore-CNN 和 Ranking Streetscore-CNN 来预测对比任务中的胜利者。Zhang Fan 等[76]通过语义分割得到 Place Pulse 数据库街景图片中不同事物的比例,并结合 Place Pulse 数据库的得分数据,采用 SVM 训练出预测街景图片评分的二分类模型。在国内,主要是清华大学的龙瀛团队在致力于城市街景图片的大范围量化测度研究,提出了数据增强设计[77]、街道城市主义[78]、图片城市主义[79]等概念,与此同时,龙瀛团队对不少城市及区域进行了街景图片量化测度[60,80,81]。

5.2 地下空间视觉舒适度智能评价

5.2.1 地下空间视觉舒适度评价指标

1. 地下空间视觉舒适度评价指标选择

随着城市地下空间的发展,地下空间品质提升备受关注。然而,缺乏自然采光和通风、幽闭恐惧症、高湿度等因素,易造成在地下空间中生活及生产的人产生生理及心理障碍。

地下空间品质的提升取决于室内环境品质和视觉舒适度。以往的研究[82-85]更多关注与室内环境质量相关的因素,例如空气和热舒适度。近年来,随着对更高品质地下空间的需求日益迫切,与地下空间视觉舒适度相关的心理问题越来越受到关注。

地下空间本质上是高度封闭的室内空间,具有与地上室内空间相似的特征。多项与室内空间相关的研究表明,空间色彩对人类情绪和认知表现有很大影响[86-88]。长期待在涂有强烈色调的房间里会让人紧张,而住在橙色或黄色等颜色的房间里会让人感到温暖[86,89]。Sun 等[90]发现中性色更适合路面设计。地下空间的空间尺度已被证明会对空间内发生的人类活动产生影响,小尺度会促进抑郁感[66]。空间形式也是一个重要因素,变化多端、层次分明的空间可以促使人们去探索,也可以增加空间的吸引力和商业价值。亮度是另一个基于人类感知的主观因素,日本已经开展了很多相关的研究。在实践中,基于照度的设计往往无法达到预期[91],因此,为了更好地设计和建立舒适的空间,亮度被更频繁地用于空间内照明的度量[92]。低亮度会导致抑郁、焦虑和孤立感,而高亮度会让人不舒服,尤其是在地下空间。除此之外,地下空间中的自然元素被证明能够减少感知压力并增加环境的吸引力[93],这被视为区分地下空间与地上空间的主要因素。因此,提高地下空间的视觉舒适度,需要考虑视觉舒适度的这些关键因素:空间色彩、亮度、空间尺度、空间形态、自然元素。

2. 视觉舒适度指标与品质评价体系对应关系

城市地下空间品质评价体系中舒适度指标体系涵盖了物理环境及心理环境,其中物理环境指标基本以量化标准进行评价,而心理环境则以定性描述进行评价。为把定量与定性有机结合,城市地下空间品质体系指标体系分为三级,对不同类别指标进行了细化,但该类别划分方法不适用于深度学习。本章所提出的视觉舒适度指标涵盖了城市品质评价体系中心理环境指标的所有部分,并针对深度学习的特点,进一步归纳和梳理,保证了指标间的独立性,如表 5.1 所示。

表 5.1　视觉舒适度指标与城市地下空间品质评价体系对应关系

视觉舒适度指标	城市地下空间品质评价体系
空间色彩＋空间亮度	生理环境舒适度－人工光谱
0.3×空间尺度＋0.4×(空间色彩＋空间亮度)＋0.3×自然元素	空间形态舒适度－空间丰富性
0.3×空间形态＋0.7×(空间色彩＋空间亮度)	审美体验舒适度－环境艺术性

5.2.2 地下空间视觉舒适度标注方法

问卷调查是感知多等级标注最常用的方法，在社会学科领域被广泛使用，但基于问卷调查形式的标注方法依赖于标注者数量、耗费人力且结果波动性大。为降低标注者要求及结果波动性，Salesses[73]等构建了 Web 图片评选页面，通过两两对比的形式，对不同图片进行标注。在标注过程中，两张图片被随机选出，标注者根据问题选择更优的街景图片，根据整个比选过程中每张图片被选择的次数计算图片的分数。Salesses 所采用的两两对比形式降低了标注结果的波动性，并减少了标注所需人力。为进一步减少比选次数，Naik 等[94]在两两对比过程中，采用 TrueSkill[95]算法计算图片分值，并将图片分值变换为 0～10 分。为进一步改善标注结果，Yao 等[96]提出了人机互馈架构，采用 FCN + RF 的网络结构和人工标注过程进行互馈训练。

然而，上述标注方法针对的是回归问题，其评价结果为具体分数。相对于回归问题，人的感知评价更加适用于分类问题[76]。因此，针对地下空间视觉舒适度标注问题，本书分别提出了基于 TrueSkill 的多分类排序方法和多分类标注方法（Multi-Classification Labeling，MCL）。

1. 基于 TrueSkill 的多分类排序方法

TrueSkill 算法由微软团队提出，结合了 EIO 排名方法与贝叶斯规则，可用于计算竞赛选手的能力排名。TrueSkill 算法假设每个选手的水平符合正态分布，其中均值表示能力水平，方差表示对其真实能力的不确定程度。该算法首先假设每个选手水平分布的均值和方差一致，此后利用输赢关系更新每个选手水平的分布。在已有街景评价中，TrueSkill 算法已被直接用于街景图片分数计算，但其结果为具体分数，无法制定统一的标准评价，因此，提出基于 TrueSkill 的多分类排序方法。该方法采用 TrueSkill 算法，通过两两图片对比形式进行排序，并通过专家查看图片形成分类边界，以此确定图片舒适度等级。

在基于 TrueSkill 的多分类排序方法中，存在以下两点假设：

（1）图片舒适度水平符合正态分布 $N(\mu, \sigma)$。其中，μ 值表示图片舒适度水平，σ 表示图片舒适度的波动程度。

（2）图片在经过多轮比选后，图片舒适度水平达到稳定时，存在某几个分数边界，使得边界之间的图片为同一舒适度等级。

如图 5.1 所示，基于 TrueSkill 的多分类排序方法具体流程如下。

1）图片舒适度分布参数设置

根据上述假设，图片舒适度水平服从正态分布[式(5.1)]。其中每张图片初始期望值 μ 设置为 25，初始方差 σ 设置为 25/3。

$$f(x)=\frac{1}{\sqrt{2\pi}\sigma}\exp\left[-\frac{(x-\mu)^2}{2\sigma^2}\right] \tag{5.1}$$

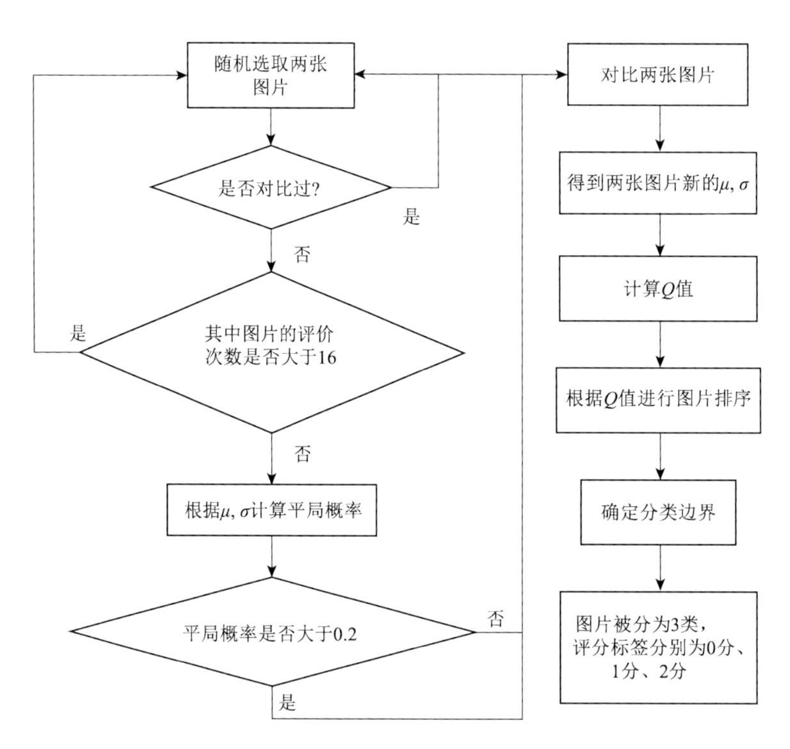

图 5.1　基于 TrueSkill 的多分类排序方法

2）循环图片对比

首先随机选取两张图片，图片的选取由 Python 中内置的 random 库完成，其抽取过程为有放回抽取，概率符合正态分布。然后进行图片检验，图片检验包含对比次数检验和对比资格检验。对比次数检验主要是为了确保每张图片的比较次数一致，避免某些图片在两两对比过程中权重过大，而对比资格检验是为了确保差距过大的图片不会进行对比，从而减少图片舒适度水平达到稳定状态时所需的对比次数，如果两张图片的平局概率低于阈值，则表示图片差距过大，不具备对比资格。在本研究中，单张图片的对比次数上限值为16，不同图片之间平局概率下限为 0.2。平局概率计算公式如下：

$$p=\exp\left[-\frac{(\mu_A-\mu_B)^2}{2c^2}\right]\cdot\sqrt{\frac{2\beta^2}{c^2}} \tag{5.2}$$

舒适度分布计算公式如式(5.3)—式(5.7)所示，根据对比结果，分别更新两张图片的 μ 和 σ 值。

$$\mu_w \leftarrow \mu_w+\frac{\sigma_w^2}{c}\cdot v\left(\frac{\mu_w-\mu_l}{c},\ \frac{\varepsilon}{c}\right) \tag{5.3}$$

$$\mu_l \leftarrow \mu_l + \frac{\sigma_l^2}{c} \cdot v\left(\frac{\mu_w - \mu_l}{c}, \frac{\varepsilon}{c}\right) \tag{5.4}$$

$$\sigma_w^2 \leftarrow \sigma_w^2 \cdot \left[1 - \frac{\sigma_w^2}{c^2} \cdot w\left(\frac{\mu_w - \mu_l}{c}, \frac{\varepsilon}{c}\right)\right] \tag{5.5}$$

$$\sigma_l^2 \leftarrow \sigma_l^2 \cdot \left[1 - \frac{\sigma_l^2}{c^2} \cdot w\left(\frac{\mu_w - \mu_l}{c}, \frac{\varepsilon}{c}\right)\right] \tag{5.6}$$

$$c^2 = 2\beta^2 + \sigma_w^2 + \sigma_l^2 \tag{5.7}$$

式中，(μ_w, σ_w)和(μ_l, σ_l)分别表示对比过程中胜利者及失败者的舒适度水平和波动程度；$v(t) = N(t)/\Phi(t)$，$w(t) = v(t) \cdot [v(t) + t]$。

3）排序并划分等级

在完成多轮比选过程后，每张图片比选次数达到稳定。根据式(5.8)计算每张图片的Q值，并根据Q值进行排序。在排序完成后，专家查看每张图片，并给出对应的分类边界，图片等级被分为三个等级(0，1，2)，其中，0表示舒适度等级低，2表示舒适度等级高。

$$Q = \mu - k\sigma \tag{5.8}$$

2. MCL方法

上述基于TrueSkill的多分类排序方法初步解决了如何分类的问题，但是该分类方法和已有的基于TrueSkill的方法存在以下问题：

(1) 所有图片数据需要在同一批次完成所有比选，不同轮次比选图片结果存在较大差异。上述及现有的基于TrueSkill的标注算法，每张图片的初始化结果相同，对于数据量足够且数据分布合理的数据集，可以达到相对合理的标注结果，但是对于多个批次的数据且分布不均的小样本数据集，难以达到合理结果。现有的基于TrueSkill的标注算法的标注结果为算法本身的计算结果，该标注结果与图片本身无关，与图片之间的优劣关系有关，即假设一个数据中有一个中等偏下的舒适度场景，只要其他图片都是低舒适度场景，该中等偏下的场景一定会被评价为最高等级舒适度场景。而上述基于TrueSkill的多分类排序方法依然存在该问题，该问题的核心是计算舒适度的方式及整个算法初始化的方法。

(2) 图片标注错误率高。在现有的基于TrueSkill的方法中，没有限制图片的对比次数，不同图片在比选过程中的权重差距大(图5.2)，同时比选过程稳健性差，受错误选择影响大。上述基于TrueSkill的方法初步控制了图片比选次数，控制了比选过程中的图片权重，并初步利用平局概率控制比选过程，但仍未提高比选过程的稳健性，受错误选择影响大。该问题的核心是比选过程的控制方式及方法。

(3) 无明确的分类边界。上述基于TrueSkill的多分类排序方法，通过专家查看图片选择分类边界，完成图片标注，该过程受专家主观影响，其结果波动性较大。同时，随着分类数目增加,专家确定边界的形式难以满足要求。

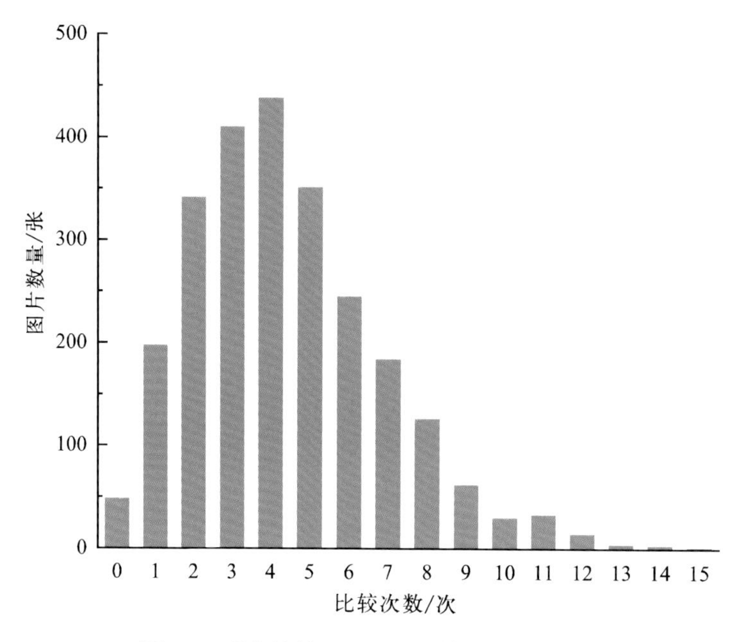

图 5.2 现有的基于 TrueSkill 的图片比选次数

因此,针对上述问题,本研究提出 MCL 方法,具体流程如图 5.3 所示。

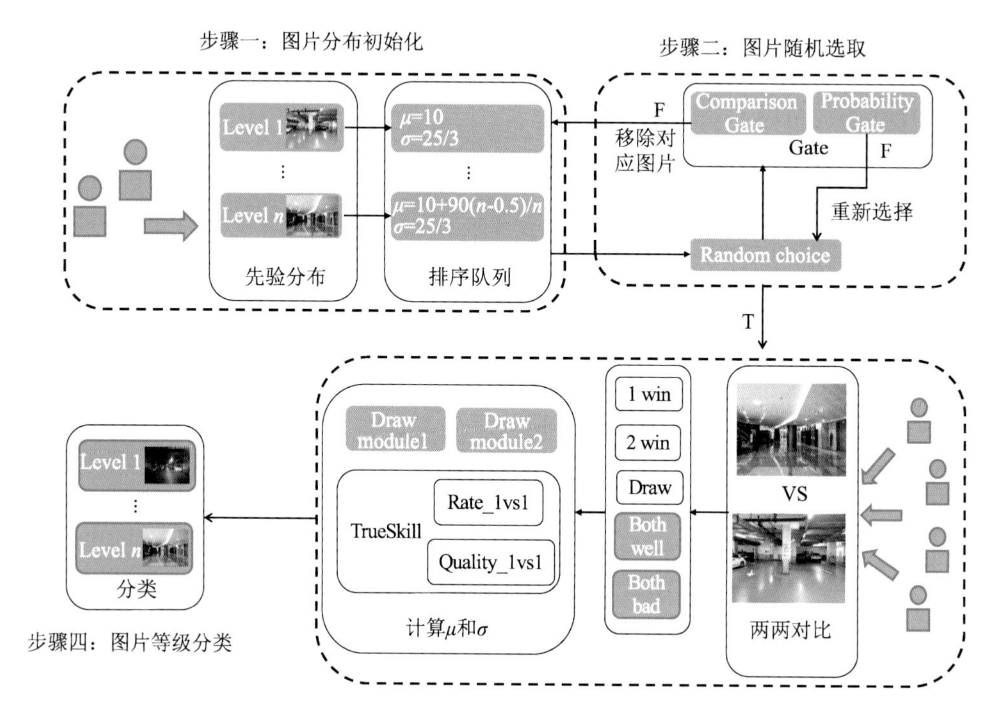

图 5.3 MCL 方法整体流程

首先,假设图片舒适度水平服从正态分布,其具体计算方式见式(5.1)。如图 5.3 所示,在比选开始前,专家必须浏览数据集中所有图片,并对每张图片给出初步的舒适度等级,以此作为先验分布。然后,随机选取两张图片,并进行检验,如检验通过,则进入两两对比环节,否则重新选取图片。在两两对比环节,计算模块根据选择的两张图片分别计算 μ 和 σ,并更新对应的图片分布。根据图片分布,计算图片舒适度等级。MCL 方法具体流程如下。

1. 通过先验分布初始化 μ

首先,专家在浏览完数据集中图片后,给出每张图片的舒适度等级 i,以此作为先验分布。对应图片的初始 μ_i 可根据式(5.9)进行计算。

$$\mu_i = l + \frac{(u-l)(i-0.5)}{n} \tag{5.9}$$

式中 i ——由专家给出的初始舒适度等级;

n ——舒适度等级的分类数量;

u ——初始 μ_i 的上限值;

l ——初始 μ_i 的下限值。

在本研究中,u 设置为 100,l 设置为 10,初始标准差 σ 设置为 25/3。

2. 随机选取图片进行两两对比

通过 Python 内置的 random 模块随机选取两张图片,然后通过"ComparisonGate"和"ProbabilityGate"两个模块控制比选过程。

为满足"ComparisonGate"模块的要求,两张图片的对比次数应小于一个给定的上限值"Limit",本研究中"Limit"设置为 16。而在"ProbabilityGate"模块中,两张图片的平局概率应小于"threshold"。"threshold"值应根据类别分值区间大小及平局概率公式进行计算[式(5.2)]。在本研究中,初始分值区间为 10～100,分类数为 5 类,则每个类别分值区间为 18,为控制两张图片只会与相邻图片进行对比,则需要保证两张图片分值差在 9 以内。如图 5.4 所示,当平局概率大于 0.32 时,所有差值为 9 的图片在整个比选过程中都能被选择,而差值为 11 的图片在整个比选过程中会被排除在比选范围外。少部分差值为 10 的图片在比选初期(σ 值较大时)会被选取。因此,在本研究中,"threshold"设置为 0.32。

3. 两两对比和舒适度等级分布计算

在两两对比环节,需要一定数量的评选者进行图片比选,来纠正图片舒适度先验分布中的错误。为避免评选者产生审美疲劳,建议单人一次连续评价时间不应超过 5 min。区别于上述基于 TrueSkill 的多分类排序方法及现有标注方法,MCL 方法在比选过程中有 5 个选项:图像 1,图像 2,两者都一般,两者都很好,两者都很差。

在完成图片比选后,对每张图片的 μ 和 σ 进行计算更新。为控制 μ 的范围,采用

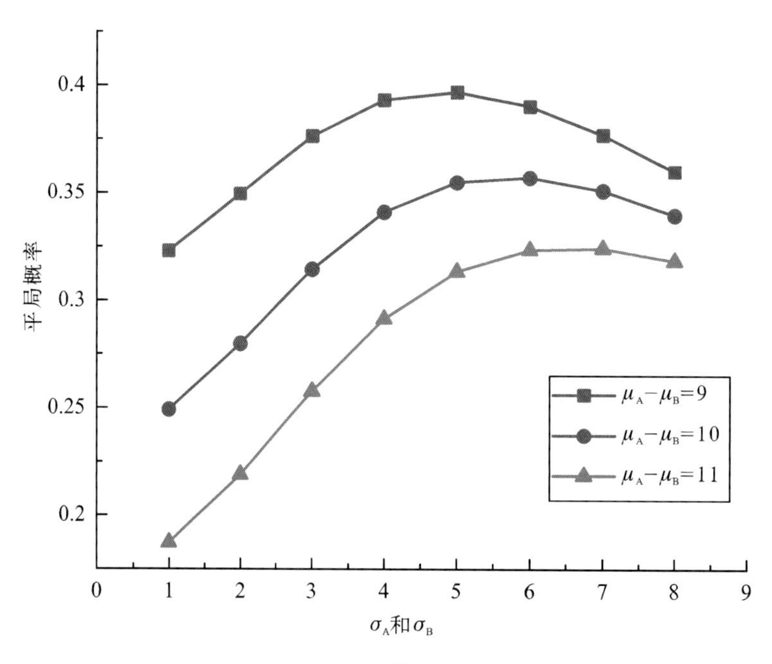

图 5.4　不同均值差值的平局概率曲线

"CheckBoundary"模块，将其上限值"UpperLimit"设置为 100，下限值"LowerLimit"设置为 0。为了区别舒适度高和舒适度低的图片，在计算模块中加入了奖励模块和惩罚模块。奖励模块对舒适度高的图像对的 μ 值进行奖励，惩罚模块对舒适度低的图像对的 μ 值进行惩罚。惩罚及奖励的分值建议选择 1/5～1/3 分值区间。在本研究中，惩罚及奖励值设置为 5。

4. 舒适度等级确定

在完成两两对比环节后，每张图片的 μ 和 σ 都已确定，然后根据式(5.8)计算每张图片的 Q。根据分类边界(表 5.2)，确定图片的舒适度等级。

表 5.2　分类边界

图片舒适度等级	初始 μ_i	I	分类边界 B_i
1	—	—	$Q < 28 - 2s$
2	37	18	$28 - 2s \leqslant Q < 46 - 2s$
3	55	18	$46 - 2s \leqslant Q < 64 - 2s$
4	73	18	$64 - 2s \leqslant Q < 82 - 2s$
5	91	18	$82 - 2s \leqslant Q$

分类边界 B_i 根据式(5.10)进行计算。

$$B_i = \mu_i - \frac{l}{2} - ks \tag{5.10}$$

式中　μ_i ——不同舒适度等级图片的初始均值；

l ——不同等级的分值差；

s ——完成评选后所有图片 σ 值的均值。

5.2.3　地下空间视觉舒适度数据集构建

现有城市街景数据集中图片主要来自地图软件及车载摄像拍摄，但该类方法并不适用于地下空间。地下空间获取图像方法主要分为两类：

(1) 网络获取图像。通过爬虫及数据筛分手段，爬取网络上大量地下空间相关图像，但该类方法获取的图像质量低，存在大量噪声。

(2) 现场拍摄图像。现场拍摄能较好地控制图像质量，并保证图像的类型及分布，但耗费人力。

综上，本研究采用现场拍摄的方式获取地下空间图像。为了减少地下空间中密集人员对空间场景评价的影响，选择在地下空间中人员相对较少时进行拍摄。为进一步减少获取图像的噪声，规范现场评测，在地下空间中拍摄应符合以下准则：

(1) 将地下空间地面作为参考面，拍摄方向应平行于该参考面。

通常，人对于图像空间的尺度感受拍摄角度影响较大，当拍摄角度偏上时，会让图像中的空间尺度变大。因此，为保证图像评价的准确性，规范图像拍摄角度。

(2) 拍摄时的拍摄方向应与人流方向一致，且拍摄高度宜为 1.70 m 左右。

该准则的目的是获取地下空间中人的视角。在地下空间中，存在多个拍摄方向，但不遵循人视角的拍摄方向不具备代表性。因此，选取地下空间中人流方向作为最佳拍摄方向。拍摄高度是根据当地人身高的平均值进行确定，一般情况下建议选用 1.70 m。

(3) 所拍摄图像的亮度宜接近场景的真实亮度。

该准则是为了保证所拍摄的图像能反映地下空间中的真实亮度感。在图像舒适度评价过程中，图像的亮度感会影响最终结果。为保证现场评测的准确性，图像亮度宜调节至与场景接近。

(4) 在沿长通道及地下商业街拍摄时，建议至少间隔 30 m 进行拍摄。

在地下空间中，长通道及地下商业街存在大量相似处，对于变化少的空间，建议至少间隔 30 m 进行拍摄。间隔 30 m 是根据拍摄过程中的经验进行确定，当目标距离大于 30 m 时，其在图像中所占比例较少，对评价结果影响小。该间隔值可根据实际情况进行调整。

地下空间功能复杂，存在大量安全通道及设备空间，但该类空间品质要求低，无需进行评价。因此，为了进一步规范地下空间的拍摄位置，规范现场评测，针对不同类型地下空间，提出以下拍摄位置要求：

（1）地铁站：通道、过渡区域、主体区域、换乘区域、具备明显色彩变化的区域以及大型展示区域应该被拍摄。

（2）地下商场：休闲区域、通道区域应该被拍摄。

（3）地下商业街及停车场：通道区域应该被拍摄。

基于上述准则，现场拍摄过程中共收集 2 983 张图像，包含了地下商场、地铁站、地下停车场、地下商业街，涵盖了上海、杭州、武汉、北京四个城市的地下空间场景。在将图像中的重复、过度曝光、模糊图像删除后，数据集中共留下 2 493 张图片。如图 5.5 所示，数据集中图片在采用 MCL 方法进行标注后，其舒适度等级被分为 5 类，其中等级 1 表示舒适度等级低的场景，等级 5 表示舒适度等级高的场景。

舒适度等级1

舒适度等级2

舒适度等级3

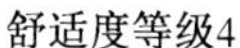

舒适度等级4

舒适度等级5

图 5.5　地下空间视觉舒适度数据集

5.2.4　地下空间视觉舒适度评价算法

1. 基于传统图像分类算法的评价算法

传统图像分类算法一般包括底层特征提取、特征编码、空间特征约束及分类几个阶段。相对于深度学习方法，传统图像分类算法更依赖所提取的特征，更具备可解释性，针对地下空间视觉舒适度中色彩舒适度，基于矩形分割及颜色矩进行图像分类。

1）特征提取

RGB 颜色模型为最常用的颜色模型，然而该颜色模型并不适用于评价人的感知[97]，Lab 颜色模型和 HSV 颜色模型更加适合评价人的感知。在以往的研究中，HSV 颜色模型比 Lab 颜色模型表现更佳[98]，因此，采用 HSV 颜色模型进行研究。

在计算机领域，包含许多常用的颜色特征，包括颜色直方图、颜色矩、颜色集、颜色相关图、颜色聚合向量等。其中，颜色矩最为常用，其由 Mindru[99] 首先提出。由于其复杂性，实际应用中通常采用均值、标准差、偏度作为颜色矩。均值 E_i、标准差 σ_i、偏度 s_i 分别如式(5.11)—式(5.13)所示。

$$E_i = \sum_{j=1}^{N} = \frac{1}{N} p_{ij} \tag{5.11}$$

$$\sigma_i = \sqrt{\frac{1}{N} \sum_{j=1}^{N} (p_{ij} - E_i)^2} \tag{5.12}$$

$$s_i = \sqrt[3]{\frac{1}{N} \sum_{j=1}^{N} (p_{ij} - E_i)^3} \tag{5.13}$$

式中，p_{ij} 表示对应区域的像素；N 表示所有像素数量。

2）空间特征约束

图像中的颜色分布对于色彩舒适度评价的识别准确率具有显著影响。考虑到人眼识别像素范围有限，因此，采用环形分割法和矩形分割法进行比选。

（1）环形分割法

环形分割方法由 Deng 等[97] 提出，对于图像压缩、亮度变化及对比度调整具备良好的稳健性。其环形半径 r 可通过式(5.14)进行求解，其中 W 表示图片宽度，H 表示图片高度，M 表示分割区域数。

$$r = \begin{cases} H/(2M), & H > W \\ W/(2M), & W > H \end{cases} \tag{5.14}$$

在完成环形分割及色彩模型转换后，特征矩阵如式(5.15)所示。其中 E_i、σ_i、s_i 分别表示 i 区域的均值、标准差及偏度。

$$\boldsymbol{C} = [E_1 \quad \sigma_1 \quad s_1 \quad \cdots \quad E_M \quad \sigma_M \quad s_M] \tag{5.15}$$

（2）矩形分割法

实际应用中，地下空间分布多为矩形分布，因此，采用矩形分布进行图像对比。根据矩形分割法，图像需要被分割为 $n \times n$ 个部分，然后计算每个区域内 H 及 S 的均值，以此得到颜色特征矩阵 $\boldsymbol{C}$。

$$\boldsymbol{C}=\begin{pmatrix} a_{11} & b_{11} & \cdots & a_{1n} & b_{1n} \\ \vdots & \vdots & & \vdots & \vdots \\ a_{n1} & b_{n1} & \cdots & a_{nn} & b_{nn} \end{pmatrix} \tag{5.16}$$

3）分类器比选

目前在工程领域，支持向量机（SVM）、极端梯度提升树（XGBoost）、随机森林（RF）等机器学习算法应用广泛，其算法原理如下。

（1）支持向量机（SVM）

支持向量机是基于线性可分情况下的最优分类面提出的。支持向量机是利用分类间隔的思想进行训练的，它依赖于对数据的预处理，即在更高维的空间表达原始模式。通过一个足够高维的适当的非线性映射，分别属于两个类别的原始数据就能够被一个超平面分隔。

支持向量机的基本思想可以概括为：首先通过非线性变换将输入空间变换到一个高维空间，然后在这个新空间中求取最优线性分类面，这种非线性变换是通过定义适当的内积函数来实现的。支持向量机求得的分类函数形式上类似于一个神经网络，其输出是若干中间层节点的线性组合，而每一个中间层节点对应于输入样本与一个支持向量的内积，因此也被叫作支持向量网络[100]。

（2）极端梯度提升树（XGBoost）

XGBoost 实现的是一种通用的 TreeBoosting 算法。XGBoost 相对于 GBDT 做出以下改进：

① 损失函数从平方损失推广到二阶可导的损失。GBDT 的核心在于后面的树拟合的是前面预测值的残差，这样可以一步步逼近真值。然而，之所以拟合残差可以逼近到真值，是因为使用了平方损失作为损失函数，如果换成其他损失函数，使用残差将不再能够保证逼近真值。XGBoost 方法是将损失函数进行泰勒展开到第二阶，使用前两阶作为改进的残差。

② 加入了正则化项。正则化方法是数学中用来解决不适定问题的一种方法，后来被引入机器学习领域。通俗地讲，正则化是为了限制模型的复杂度。模型越复杂，就越有可能“记住”训练数据，导致训练误差达到很低，而测试误差却很高，也就是发生了“过拟合”。在机器学习领域，正则化项大多以惩罚函数的形式存在于目标函数中，也就是在训练时，不仅顾及最小化误差，同时模型复杂度也不能太高。在决策树中，模型复杂度体现在树的深度上。XGBoost 使用了一种替代指标，即叶子节点个数。此外，与许多其他机器学习模型一样，XGBoost 也加入了 L2 正则项，来平滑各叶子节点的预测值。

③ 支持列抽样。列抽样是指训练每棵树时，不是使用所有特征，而是从中抽取一部分来训练这棵树。这种方法原本是用在随机森林中的，经过试验，使用在 GBDT 中同样有助

于效果的提升。

(3) 随机森林(RF)

随机森林算法是一种袋装集成学习算法,也称为引导聚合,通过重新选择原始数据集上的子集来训练分类器。它已被证明具有以下特征[101]:①在异常值和噪声方面稳健性好;②简单,容易并行化,比 bagging 或 boosting 快;③无论是大数据集还是小数据集都能有效运行,可以处理具有高维特征的输入样本,无需降维;④可以有效解决单个决策树训练过程中的过拟合问题。

如图 5.6 所示,将数据集分成若干子集后,使用一组训练好的分类器对新样本进行分类,然后使用多数投票或平均输出的方法对分类结果进行统计。最后,选择投票结果最高的类别作为最终标签。这样的算法可以有效地减小偏差和方差。

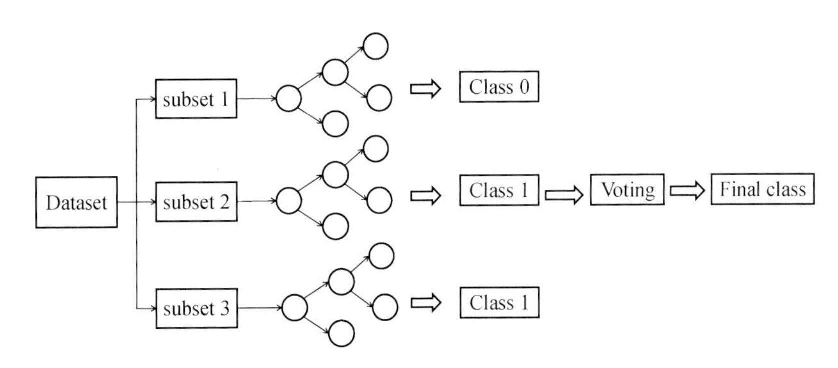

图 5.6　随机森林结构图

2. 基于 Transformer 的评价算法

Transformer 最早由 Vaswani 等[102]提出,它是一种基于注意力机制的新型网络架构,没有递归和卷积,广泛应用于自然语言处理(NLP)和计算机视觉(CV)领域[103]。如图 5.7所示,Vision Transformer 的组成部分包括 Patch Embedding、Transformer Encoder 和 Head。Patch Embedding 包含 Flatten Embedding、线性投影、类标记和位置嵌入。Head 是一个线性层。Transformer Encoder 包含层归一化、多头注意力(MSA)和多层感知(MLP)。Vision Transformer 的关键部分是 Transformer 编码器中的多头注意力。Vision Transformer 中的多头注意力架构与 Vaswani 等[102]的架构相同,由式(5.17)—式(5.19)计算。

$$[q,\ k,\ v]=zU_{qkv} \tag{5.17}$$

$$A=soft\ \max\left(\frac{qk^{T}}{\sqrt{d_{k}}}\right)v \tag{5.18}$$

$$MSA(z)=[SA_{1}(z);\ SA_{2}(z);\ \cdots;\ SA_{k}(z)]U_{msa} \tag{5.19}$$

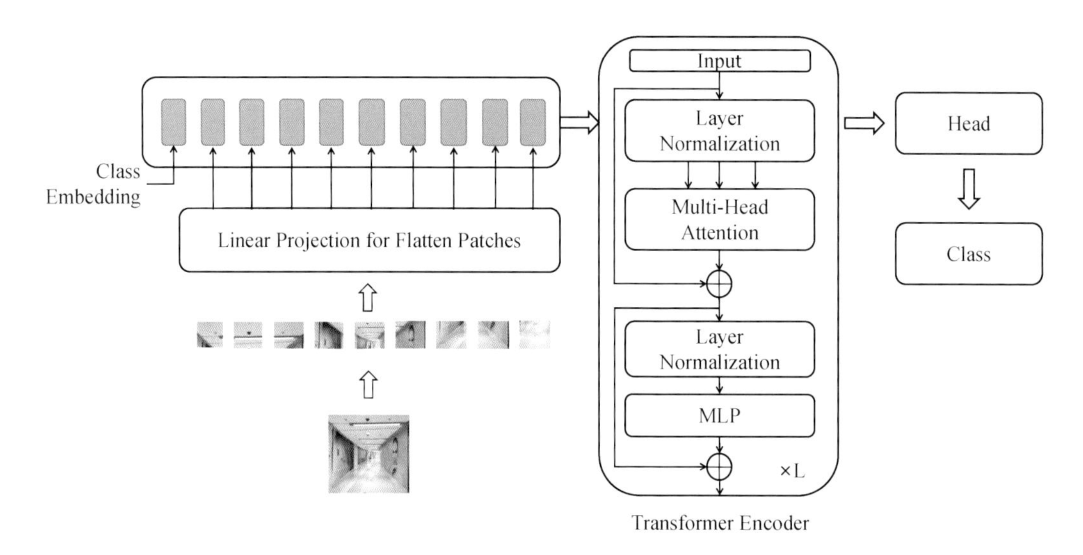

图 5.7　Vision Transformer 模型结构

5.2.5　舒适度智能评价流程

如图 5.8 所示，舒适度智能评价分为未构建数据集和已构建数据集两种情况，其具体流程如下。

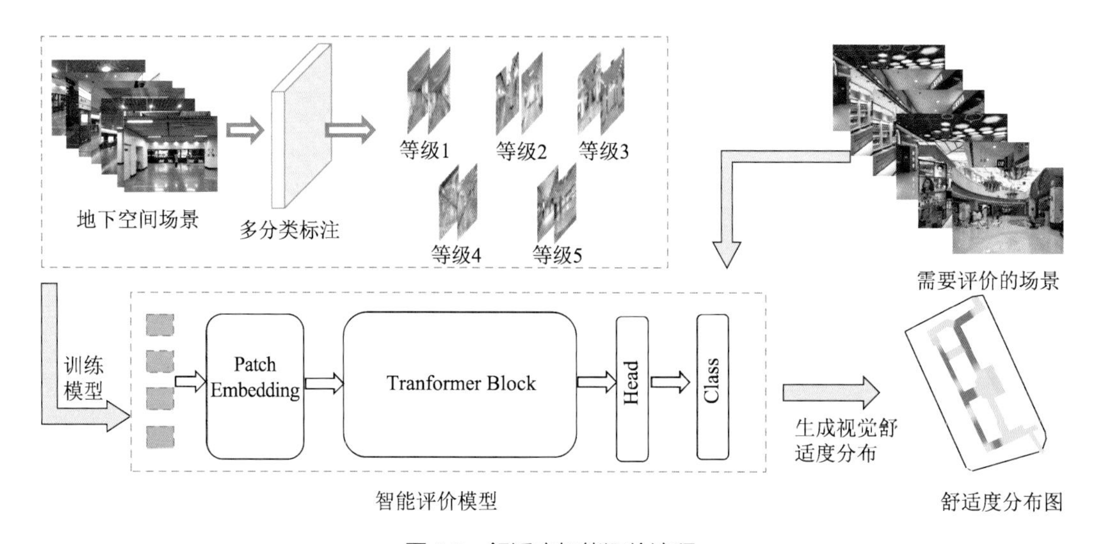

图 5.8　舒适度智能评价流程

1. 未构建数据集

(1) 收集地下空间场景。根据 5.2.3 节的要求拍摄地下空间场景图像，并筛除其中过度曝光、局部过度曝光及重复图像，以此生成地下空间场景图形库。

(2) 采用 MCL 标注方法进行标注。根据 5.2.2 节中 MCL 评价方法流程,首先,由专家给出地下空间场景图形库中所有图片的舒适度等级,然后采用 MCL 方法进行循环对比,最后得出场景图形库中所有图片的舒适度等级,以此得到地下空间舒适度数据集。

(3) 训练模型。基于地下空间舒适度数据集,采用 5.2.4 节中所述评价算法进行模型训练。

(4) 现场评测。根据 5.2.3 节的要求拍摄地下空间现场图片,并输入模型,得到各个场景的舒适度等级,以此形成地下空间舒适度分布图。

2. 已构建数据集

如已构建地下空间舒适度数据集,或采用现有地下空间舒适度数据集,则可直接对模型进行训练。基于已训练好的智能评价模型,输入符合 5.2.4 节要求的图片,则可得到对应场景的舒适度等级。

5.3 地下空间便捷性智能评价

5.3.1 空间句法分析理论

1. 空间句法分析理论阐述

空间句法的研究对象为空间,以空间作为独立元素展开探讨,基于图论的思想,对路径通达性、网络格局特点、空间内部构造等展开探讨,并作出详细阐述。

1) 空间构型

基于人的认知视角进行分析,可以将空间分为小尺度空间和大尺度空间两种类型,主要根据个体是否可以在空间中的某一个定点感受到整个空间来进行判断。如果个体在某个定点能够感受到空间的所有部分,那么该空间就是一个小尺度空间。与之相反,如果个体在某个定点不能完全感知这个空间,则该空间就是一个大尺度空间。

空间句法关注的重点并不是实际距离,而是空间的关联性和通达性[104]。所以,空间句法的目的在于借助空间构型分析,在社会层面推广和利用空间关系的常识[105]。空间构型指的是描述空间结构的一种新的方式,句法有特定的空间量化计算方法,基于此种方式对于空间的关联性进行计算,不同空间的关联程度也存在差异,可能关联程度比较深,也可能关联程度比较浅。通过空间句法进行量化分析,可以更好地衡量和展现不同空间的关联性，以及通达性程度[106]。

2）“非对称”空间

图5.9中a与b是相互对称的，但是在加入新的元素c之后，两者的对称关系就发生了变化，主要原因在于c和b之间存在相连的关系，a要到达c就必须通过b。研究提出的这种非对称阐述了一个道理：所有的空间属性，都是由这个空间与其他空间之间的相关关系决定的，空间本身并不能决定自己的属性。对某一空间的认知会根据其出发点以及视角的变化而发生变化，从各个位置看待某一布局或者空间，会得到不同的结论。所以尽管从下到上的空间生长过程从表面上看是混乱的或者无序的，其本质是每一个空间与其他空间之间的一种非对称关系，对这些空间的演变以及构成产生了制约，由此显示了一种整体性的空间模式，并且这种展现是自发性的。空间模式（Spatial Pattern）指的就是将全部的个体空间看成一个整体的网络[107]。

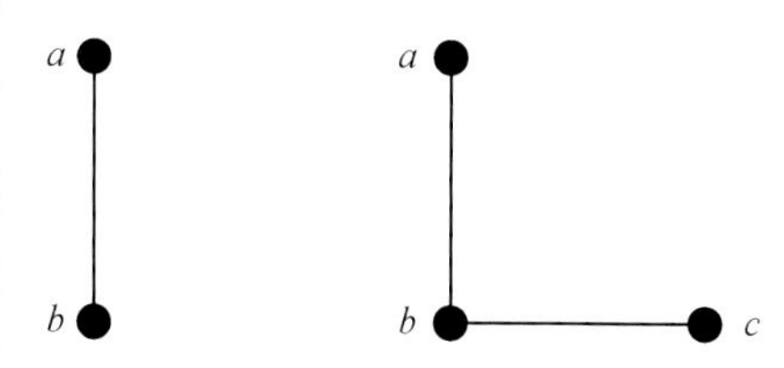

图5.9　非对称空间示意图

3）空间的社会逻辑

根据空间句法相关理论观点，某一空间中主体的运动会对该空间的功能起到决定性作用。具体到城市中，一个城市的社会功能也在很大程度上取决于城市中的行为主体，也就是人的运动。空间句法理论认为，空间社会属性与城市的空间布局存在非常密切的关系，具有较强的关联性，并且认为在城市系统中城市空间布局与社会属性是互动的子系统，并且具有高度耦合的关系。事实上，各国学术界均有不少研究者就社会功能、空间结构双方关系进行了验证。比如，党安荣等多名研究者，选择了北京市作为研究对象，分析其空间发展演变模型，应用句法理论探究了城市的功能模式与空间的关系，借助定量分析方法，对北京市各年代的布局生长模式进行了研究和讨论，指出北京市在各个年代的发展，都会遵循当代的社会需求与规律，证明两者之间存在互动关系。吴娇蓉等主要针对城市交通领域进行分析，具体研究了空间句法理论在该领域中的应用，通过研究提出，在特定的城市空间中，人流往往出现在集成度更高的地方，进而出现商业设施，带动更多人流，整体环境就更具人气。社会功能和空间产生的这种循环的互动关系，可以获得显著的倍增效应。

2. 空间句法应用方法

空间句法的具体分析步骤是：观察—解释—预测—表达。

1）观察

要构建一个完整的、合理的空间句法模型，首先需要划分空间尺度，一般可以按照个体在空间固定点的感知度对空间进行划分，这样就可以将空间分成两种类型，分别是小尺度空间和大尺度空间。在对城市进行设计时，可以分别从小尺度和大尺度调研实际环境，在分析和观察的基础上，通过访谈以及问卷调查得到相应结果，整理空间的使用方式、使用率等各种基础信息，从而为之后的城市规划以及设计提供参考和依据。

2）解释

解释是指在调研的基础上，按照实际调研结果，建立起相应的空间模型。首先需要切割空间。个体在某一空间内进行的线性移动，也就是在一个维度上的移动，称为轴线。基于轴线对空间进行分割的方法称为轴线分析法。此外还有凸状分析法和视区分析法。凸状分析法是指个体在一定空间内进行的二维宽度的交往和活动，并在此基础上对空间进行划分。视区分析法中视区指的是个体在空间中的某一固定点可以观察到的全部区域。视区分析法就是基于视区对空间进行切割。

3）预测

空间句法理论试图构建一个具有较强可靠性和通用性的工具和理论，借助空间句法模型以及理论为城市和建筑的设计提供重要的研究工具和实践工具，并且能够根据空间的规划方案预测人在空间中的行为。

4）表达

城市规划者可以借助空间句法理解和遵循城市特定的发展规律。空间句法的目标就是在实际方案中应用分析结果，从而使规划方案向更好的方向改进。

5.3.2 空间句法简化方法

1. 轴线法

道路网和城市建筑空间之间的关系是空间关系。城市网络化地下空间的分析会在很大程度上受网络化地下空间拓扑关系[108]的影响，并且这种影响主要是通过人的感知进行反馈和实现的。

空间构型是指能够被各种关系决定的一组互动关系，所有的空间关系都能够对这种互动关系产生决定性作用。在空间构型中，所有的互动关系都会受其他关系的影响，也就是牵一发而动全身的意思。所以，如果对系统的构型进行调整，就会对很多元素产生影响，甚至可能会对其他元素的本质以及系统的构型产生影响。

在空间句法中，一个最为基本和重要的概念就是构型，为使公众能够对空间构型有更加清晰的认识和理解，比尔希列尔教授团队提出在对纯粹关系进行分析和研究时，可以利用图示对其进行表示。这种图示也可以称为J图[109]（图 5.10）。在利用图示对复杂的关系进行表示和表达时，用连接线来表示关系，用圈来表示被联系的物体。必须要注意的是，个体需要以特殊的方式对图示进行解读，也就是借助关系图解理解。

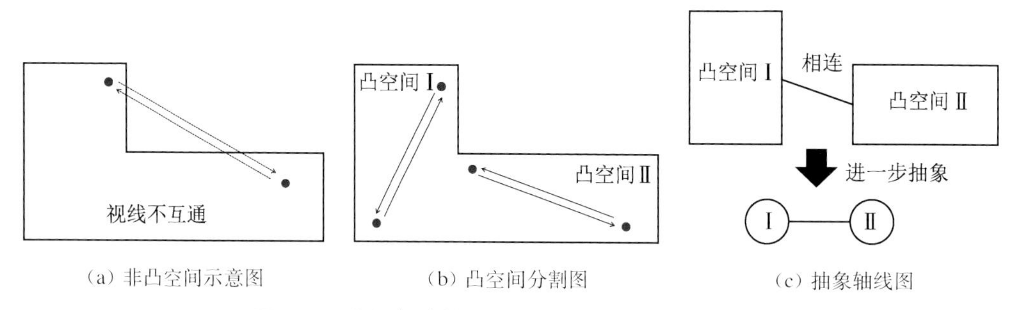

图 5.10　空间句法关系图解与空间位置的对应关系

2. 基于轴线法的创新方法

城市这一概念具有较强的整体性，城市包括地上空间和地下空间，并且地上、地下空间之间存在密切的联系，这种联系体现在集聚效应、功能互补等多个层面。在平面布局层面，城市对地下空间的开发，应当与地上的道路网格局具有较强的一致性，这样才可以使其功能分布实现互补。在一个城市中密度比较高的地区，其地下空间的规划与城市整体规划的方式比较相似，尽管无法直接观察地下空间的形态，但是从其平面的空间形态构成能够看出地下空间与地上空间的构成方式是相似的。

对于城市而言，其地上空间与地下空间存在密切的联系，无论是地上空间还是地下空间都不能独立或者分割地发展[110]。对于地上空间而言，地下空间是它的一种延续和补充，地上空间是在地下空间的基础上建设和发展形成的。如果城市进行立体化再开发，则地下空间的作用就会发生变化，从此前的基础作用变成了多功能的作用，并从建筑结构的概念演变成为更大范围的综合发展的概念。通过开发地下空间，地上空间存在的一些矛盾和问题能够得到缓解和解决，对于城市的发展也会产生极为重要的促进作用。

由于空间句法在城市空间中的应用是平面分析，而地下空间虽然也是平面，但通常需要考虑地上地下协调规划，因此本书考虑将地面道路也投影到地下空间同一平面，并将地上地下空间连接点定义为边界节点。

以上海五角场地下空间为例，如图 5.11 所示，为考虑地上地下协调规划，地上用粗灰线表示地面的交通干道、用细红线表示地下空间出入口与交通干道间衔接外部的路径；地下用细蓝线表示地下空间内部路径。此外从节点角度，用大黄色节点代表标志性节点，小蓝色节点代表内部节点，小红色节点代表外部节点（即出入口）。内部路径交叉处同样是内部节点，此处省去不标。

通过对空间句法的改进，考虑了地下空间与地面空间协调发展的重要性，根据重要性程度不同，将指标评价体系结合层次分析法的指标权重，可以对不同类型的节点和路径赋予不同的权重系数，完善空间句法无法区别节点重要性的缺点，并针对性地对空间句法的轴线分析图进行修改，使得通过句法计算的地下空间客体参数更加客观和科学。

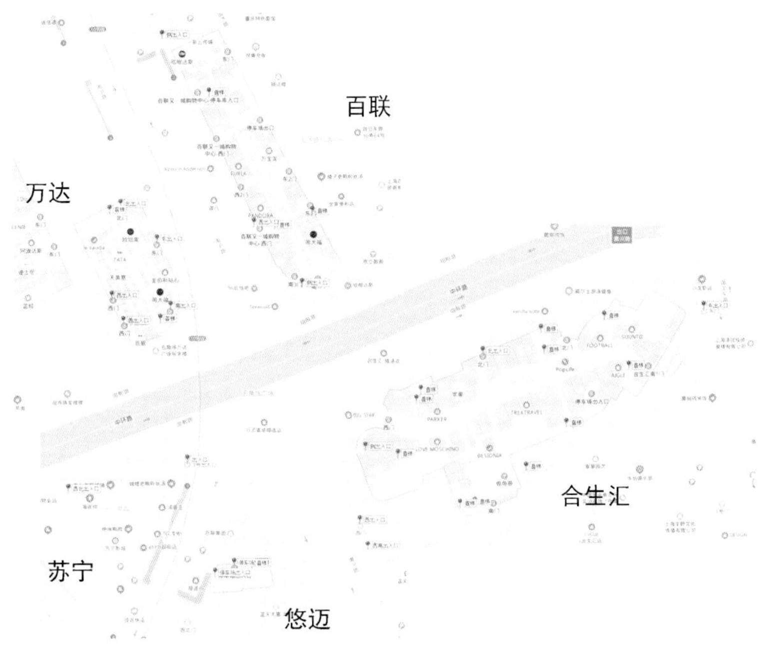

(a) 上海五角场地图

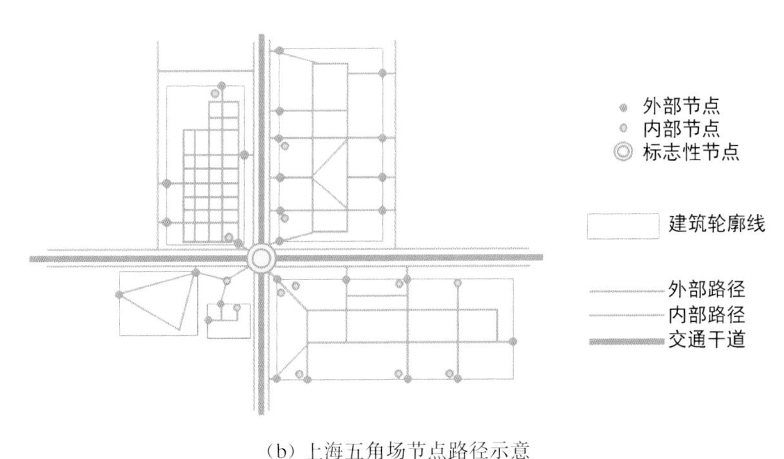

(b) 上海五角场节点路径示意

图 5.11　地上地下融合分析的空间句法案例

5.3.3　便捷性空间句法指标及分析平台

1. 空间句法量化指标

空间句法量化指标是空间句法理论和分析方法的重要组成部分。它是在关系图解的基础上发展出的一系列基于拓扑计算的形态变量，来定量描述构形。在理解空间句法基本量化指标的基础上，对连接值、控制值、深度值、整合度、可理解度这 5 种基本量化指标进行了释义(表 5.3)，旨在基于本书研究对象设计需求和原则的基础上选择出适合本书的量化指标。

表 5.3　空间句法量化指标含义

序号	指标名称	空间属性	含义
1	连接值	渗透性	系统中与某一个节点直接相连的节点个数为该节点的连接值。某个空间的连接值越高,说明此空间与周围空间联系密切,对周围空间的影响力越强,空间渗透性越好。
2	控制值	易达性	假设系统中每个节点的权重都是 1,那么 a 节点从相邻 b 节点分配到的权重为 1/(b 的连接值),即与 a 相连的节点的连接值倒数的和就是 a 节点的控制值,反映空间与空间之间的相互控制关系。
3	深度值	便捷性	句法中规定两个相邻节点之间的拓扑距离为一步;任意两个节点之间的最短与拓扑距离,即空间转换的次数表示为两个节点之间的深度值。深度值表达的是节点在拓扑意义上的可达性,而不是指实际距离,即节点在空间系统中的便捷程度。
4	整合度	可达性	句法中使用整合度表征整体便捷程度。当整合度的值越大,表示该节点在系统中便捷程度越高,公共性越强,可达性越好,越容易积聚人流。
5	可理解度	识别性	描述局部集成度与整体集成度之间相关度的变量,衡量局部空间结构是否有助于建立对整个空间系统理解的程度,即局部空间与整体空间是否关联、统一。

由于节点是城市网络化地下空间系统的中介性空间,所以这种功能定位意味着节点空间的渗透性必须比较强,这样才可以使空间的序列感得到保证。此外,基于空间的可达性对人流抵达特定节点有直接影响,所以对空间的活力也会产生直接影响。多个节点空间构成的空间序列的清晰度会对人流的寻路顺畅度产生直接影响,间接对人流的安全感以及心理舒适度产生影响。其中,连接值的计算公式为

$$C_i = k \tag{5.20}$$

式中,k 为与指定街道 i 相交的其他街道的总数。连接值表示节点与节点的联系密切程度。

深度值的计算公式为

$$MD_i = \frac{\sum_{j=1}^{n} d_{ij}}{n-1} \tag{5.21}$$

式中,d_{ij} 为连接图上任意两点 i 与 j 之间的最短距离;n 为一个连接图的总节点数。深度值表示某一节点距其他所有节点的最短距离。

整合度的计算公式为

$$I_i = RA_i = \frac{2(MD_i - 1)}{n-2} \tag{5.22}$$

式中，MD_i 为 i 节点的深度值；n 为一个连接图的总节点数。整合度反映了一个单元空间与系统中所有其他空间的集聚或离散程度。

可理解度计算公式为

$$R^2 = \frac{\left[\sum (C_i - \bar{C})(I_i - \bar{I})\right]^2}{\sum (C_i - \bar{C})^2 \sum (I_i - \bar{I})^2} \tag{5.23}$$

式中，C_i，$\bar{C}$ 分别为 i 节点连通值和所有单元空间连通值的均值；I_i，$\bar{I}$ 分别为 i 节点可达性和所有单元空间全局可达性的均值。可理解度表征了局部与整体空间的相互影响关系，能够表明个体基于对局部空间的观察和分析了解整体空间信息的程度[111]。

综上，空间句法中与地下空间便捷性相关的量化分析指标主要有连接值、深度值、可达性和可理解度。

2. 量化分析技术平台

由于越来越多的研究者对空间句法理论进行分析和研究，空间句法理论逐渐形成并发展趋于成熟，并且在很多研究中得到应用。以空间句法理论为基础开发得到的技术平台，在交通运输领域、地理科学领域和建筑设计领域都有很好的应用。现阶段国内外在对空间句法进行分析和研究时采用的软件平台主要包括宏观和中微观两种类型[112]。

宏观层面比较典型且有代表性的软件平台主要是 Axwoman，该软件平台是以 ArcGIS 为基础进行开发的软件，主要是对空间句法进行分析和研究，适用对象是一些大型的规划设计。中微观层面比较典型的软件平台是 Depthmap[113]，该软件平台的适用对象主要是建筑群以及建筑单体的分析，更加强调从中观和微观层面量化分析建筑空间。

因为本书的研究主要是对城市地下空间进行分析，并具体探究地下空间中的路径空间以及内外部节点[114]。其中，内部节点主要是分析节点空间与空间系统的相关关系，涉及的指标主要是连接性和可达性；外部节点主要是分析城市公共空间与研究对象的关系，涉及的指标主要是开放性和渗透性。所以，综合考量本书研究对象的实际情况，在应用技术软件时选取了 Depthmap 平台。

3. 分析结果的解读维度

在应用空间句法量化分析空间构型时一般需要对空间系统中所有的空间单元进行整理分析，只有这样计算得到的结果才能够反馈到所有单元，基于此，按照计算结果的数值大小对其进行划分，将其分为 10 个数值段，各个数值段对应不同的颜色。在计算完成之后，空间系统中的每一个单元都会按照计算得到的结果变成相应颜色的最高值，主要是红色，颜色最低值的代表色主要是蓝色，这样就可以对计算结果进行解读，主要包括图示维度和数值维度两个维度。

（1）图示维度。基于视觉感知视角初步判断计算结果。图示维度是指利用空间句法进行量化分析之后得到相应的结果图，这种结果图包含颜色信息，根据颜色信息从视觉层面对其进行初步的判断和分析。图示维度的特点在于能够迅速比较修改方案和原方案，可以更好地反馈方案的修改情况以及结果，并且也可以用于整体与局部空间以及局部与局部空间相关关系的研究和讨论，可以更好地对方案的合理性进行判断和比较[115]。

（2）数值维度。基于量化分析视角对计算结果进行精细化的解读。数值维度是指通过分析软件的计算得到各个单元空间对应的数值，在此基础上理性地比较各个单元的数值，从而更加精准地认识空间单元并对其进行分析。数值维度一般用于微观空间的精准分析，在比较分析各个单元空间对应数值的基础上，对各个单元空间的属性进行探究。数值维度作为空间句法模型量化分析的重要构成部分，相较于传统空间的研究方法存在根本性的差异[116]。

4. 量化分析在地下空间中的应用

（1）用于研究地下空间整体空间系统的特征。空间句法量化分析法的特点主要是能够对实体空间进行抽象化处理，通过抽象得到相应的空间构型模型，并且该模型能够进行量化分析，从整体关系构成的视角计算空间系统中所有空间单元，然后再对所有的空间单元赋予相应的数值，这也是空间句法量化分析的优势所在。因此，本书在对研究对象进行分析时，基于空间句法量化计算得到的结果，能够确定系统中所有空间单元对应的数值，然后应用统计学的分析方法，对这些空间单元的数值进行分析，包括标准方差、最小值、最大值、平均值以及分布走势等。利用这些单元空间的数值制作相应的散点图，通过对散点图的解读可以进一步研究空间的可理解性。

（2）用于研究地下空间局部空间的特征。因为空间句法量化分析可以分析系统中所有空间单元并且得到各空间对应的数值，所以可以通过数值大小对地下空间的各个属性进行精准的比较分析[117]。

5.3.4　便捷性评价方法与流程

1. 指标体系权重计算

1）判断矩阵的建立

完成评价指标体系的构建之后需要按照各个层次指标因素的相对关系，可以邀请专家判断各个评价因素的相对重要程度，按照不同层次对评价因素进行两两比较，在逐一判定所有的评价因素之后，就能够得到比较判断矩阵。T. L. Saty 为了更好地阐述矩阵量化分级数值，明确提出相应的比例标度，详见表 5.4。

表 5.4　标度含义

标度值	意义
1	C_i 和 C_j 影响相同
3	C_i 相较于 C_j 元素的影响略微强
5	C_i 相较于 C_j 元素的影响比较强
9	C_i 相较于 C_j 元素的影响强得多
2,4,6,8	C_i 相较于 C_j 元素的影响在上述标度两个相邻等级之间
1,1/2, …,1/9	C_i 相较于 C_j 元素的影响为上述标度的互反数

不少学者通过研究发现,个体在比较大量的因素之后其判断结果往往会受到一定的影响,因此两两比较的因素一般在5～9个较为合适。所以选择9作为上限,用1～9的尺度对其差异进行表示更为合理,同时在比较分析时有必要进行 $n(n-1)/2$ 次两两判断,通过这种方式能够保证信息的全面性,同时也可以从多个角度进行对比,确保排序结果的合理性。

2）层次单排序及一致性检验

层次单排序[120]是按照所得判断矩阵,计算对于上一层次中某个因素而言本层次中与之有联系的因素的重要性次序的权值。其目标是:求得每个判断矩阵的特征值以及特征向量。在此,以式子 $\boldsymbol{AW}=\lambda_{\max}\boldsymbol{W}$ 来展开。其中,$\boldsymbol{A}$ 是判断矩阵,$\lambda_{\max}$ 是判断矩阵最大特征值,$\boldsymbol{W}$ 为特征向量。构成特征向量的每个元素为 W_i,也就是权重值。

计算特征向量 $\boldsymbol{W}$、最大特征值 $\lambda_{\max}$ 可以通过和法、根法以及幂法展开计算。在此,选用和法,具体过程如下:

(1) 对判断矩阵的每列进行正规化

$$b_{ij}=\frac{a_{ij}}{\sum_{i=1}^{n}a_{ij}}\quad(i,\ j=1,\ 2,\ 3,\ \cdots,\ n)\tag{5.24}$$

经过正规化之后,每列元素之和均等于1。

(2) 正规化之后对判断矩阵进行加和

$$V_i=\sum_{j=1}^{n}b_{ij}\quad(i,\ j=1,\ 2,\ 3,\ \cdots,\ n)\tag{5.25}$$

(3) 对向量 $\boldsymbol{V}=[V_1,\ V_2,\ \cdots,\ V_n]^{\mathrm{T}}$ 进行正规化

$$W_i = \frac{v_i}{\sum_{i=1}^{n} v_i} \quad (i, j = 1, 2, 3, \cdots, n) \tag{5.26}$$

因此,可得向量 $[w_1, w_2, \cdots, w_n]^T$ 是权重向量。

(4) 求得判断矩阵最大特征值 λ_{max}

$$\lambda_{max} = \sum_{i=1}^{n} \frac{(AW)_i}{nW_i} \quad (i, j = 1, 2, 3, \cdots, n) \tag{5.27}$$

式中,$(AW)_i$ 是 $\boldsymbol{AW}$ 的第 i 个元素,n 是阶数。

因为部分研究者在对某些因素作比较过程中,存在自相矛盾问题。所以,实施层次单排序之前,需要进行一致性检验,具体步骤如下:

(1) 求得一致性指标 CI

$$CI = \frac{\lambda_{max} - n}{n - 1} \tag{5.28}$$

式中,CI 作为衡量判断矩阵 $\boldsymbol{A}$ 对其主特征向量 $\boldsymbol{W}$ 中原组成的矩阵偏离程度的标准。

(2) 定义随机一致性指标均值 RI

对于 $n = 3 \sim 9$ 阶,通过一定的计算能依次求得 RI,结合 1,2 阶进行评估,其判断矩阵一致。由此,1~9 阶的判断矩阵的 RI 取值具体见表 5.5。

表 5.5　1~9 阶的判断矩阵的 RI 取值

阶数	1	2	3	4	5	6	7	8	9
RI	0.00	0.00	0.58	0.90	1.12	1.24	1.32	1.41	1.45

在表 5.5 中,$n = 1, 2$ 时 $RI = 0$,是由于 1, 2 阶的正互反矩阵是一致阵。

(3) 求得一致性比率 CR

$$CR = \frac{CI}{RI} \tag{5.29}$$

针对 $n > 3$ 的判断矩阵 $\boldsymbol{A}$,同阶的 CI 与 RI 的比值是 CR。如果 $CR \leqslant 0.1$,可认为 $\boldsymbol{A}$ 不一致程度在容许范围内,检验合格;如果 $CR > 0.1$,则意味着判断矩阵 $\boldsymbol{A}$ 无法通过一致性检验,在此要对判断矩阵 $\boldsymbol{A}$ 作出一定的修正,并继续进行检验,直到通过为止。

按照指标体系,采用以上标度法,基于专家咨询法来拟定问卷。本书选定同一研究领域内的 8 名学者,依次对指标的重要度进行判断,而后对打分结果展开探讨,最终可得两两判别矩阵(表 5.6)。

表 5.6　主客体判别矩阵

	客体	主体
客体	1	2
主体	1/2	1

采用 MATLAB 软件计算判断矩阵 **S** 的最大特征值$\lambda_{max}=2$。采用 MATLAB 软件计算指标权重(表 5.7)。

表 5.7　主客体指标权重

指标层	权重
主体	0.333 3
客体	0.666 7

指标权重以层次分析法进行计算。构造判断矩阵$\boldsymbol{S}=(u_{ij})_{p\times p}$，具体见表 5.8。

表 5.8　节点、路径判别矩阵

	节点	路径
节点	1	3
路径	1/3	1

采用 MATLAB 软件计算判断矩阵 **S** 的最大特征值$\lambda_{max}=2$。采用 MATLAB 软件计算指标权重(表 5.9)。

表 5.9　节点、路径指标权重

指标层	权重
节点	0.75
路径	0.25

指标权重以层次分析法进行计算。构造判断矩阵$\boldsymbol{S}=(u_{ij})_{p\times p}$，具体见表 5.10。

表 5.10　出入口等指标判断矩阵

	出入口	内部节点	标志性节点
出入口	1	2	4
内部节点	1/2	1	3
标志性节点	1/4	1/3	1

首先计算判断矩阵 **S** 的最大特征值 $\lambda_{\max}=3.0183$，然后进行一致性检验。一致性指标 CI 的计算式为

$$CI=\frac{\lambda_{\max}-n}{n-1}=\frac{3.0183-3}{3-1}=0.0091 \tag{5.30}$$

平均随机一致性指标 $RI=0.58$，随机一致性比率 CR 为

$$CR=\frac{CI}{RI}=\frac{0.0091}{0.58}=0.0158<0.10 \tag{5.31}$$

由于 $CR<0.1$，因此可以认为判断矩阵 **S** 的构造是合理的，计算得到的指标权重如表 5.11 所示。

表 5.11　出入口等指标权重

指标层	权重
出入口	0.558 4
内部节点	0.319 6
标志性节点	0.122 0

指标权重以层次分析法进行计算。构造判断矩阵 $\boldsymbol{S}=(u_{ij})_{p\times p}$，具体见表 5.12。

表 5.12　内外部路径判断矩阵

	内部路径	外部衔接路径
内部路径	1	5
外部衔接路径	1/5	1

采用 MATLAB 软件计算判断矩阵 **S** 的最大特征值$\lambda_{max}=2$。采用 MATLAB 软件计算指标权重(表 5.13)。

表 5.13　内外部路径指标权重

指标层	权重
内部路径	0.833 3
外部衔接路径	0.166 7

指标权重以层次分析法进行计算。构造判断矩阵 $\boldsymbol{S}=(u_{ij})_{p\times p}$，具体见表 5.14。

表 5.14　连接度等指标判断矩阵

	连接度	深度值	可达性
连接度	1	1/2	1/3
深度值	2	1	1
可达性	3	1	1

首先计算判断矩阵 **S** 的最大特征值$\lambda_{max}=3.018\ 3$，然后进行一致性检验，一致性指标 CI 的计算式为

$$CI=\frac{\lambda_{max}-n}{n-1}=\frac{3.018\ 3-3}{3-1}=0.009\ 1 \tag{5.32}$$

平均随机一致性指标 $RI=0.58$。随机一致性比率 CR 为

$$CR=\frac{CI}{RI}=\frac{0.009\ 1}{0.58}=0.015\ 8<0.10 \tag{5.33}$$

由于 $CR<0.1$，因此可以认为判断矩阵 **S** 的构造是合理的，计算得到的指标权重如表 5.15 所示。

表 5.15　连接度等指标权重

指标层	权重
连接度	0.169 2
深度值	0.387 4
可达性	0.443 4

指标权重以层次分析法进行计算。构造判断矩阵 $S=(u_{ij})_{p\times p}$，具体见表 5.16。

表 5.16 平均拥堵时间等指标判断矩阵

	平均拥堵时间	人均宽度
平均拥堵时间	1	4
人均宽度	1/4	1

采用 MATLAB 软件计算判断矩阵 S 的最大特征值 $\lambda_{max}=2$。采用 MATLAB 软件计算指标权重(表 5.17)。

表 5.17 平均拥堵时间等指标权重

指标层	权重
平均拥堵时间	0.8
人均宽度	0.2

指标权重以层次分析法进行计算。构造判断矩阵 $S=(u_{ij})_{p\times p}$，具体见表 5.18。

表 5.18 人均速度等指标判断矩阵

	人均速度	人均面积
人均速度	1	3
人均面积	1/3	1

采用 MATLAB 软件计算判断矩阵 S 的最大特征值 $\lambda_{max}=2$。采用 MATLAB 软件计算指标权重(表 5.19)。

表 5.19 人均速度等指标权重

指标层	权重
人均速度	0.75
人均面积	0.25

2. 主客体数据获取

主客体数据获取流程见图 5.12。

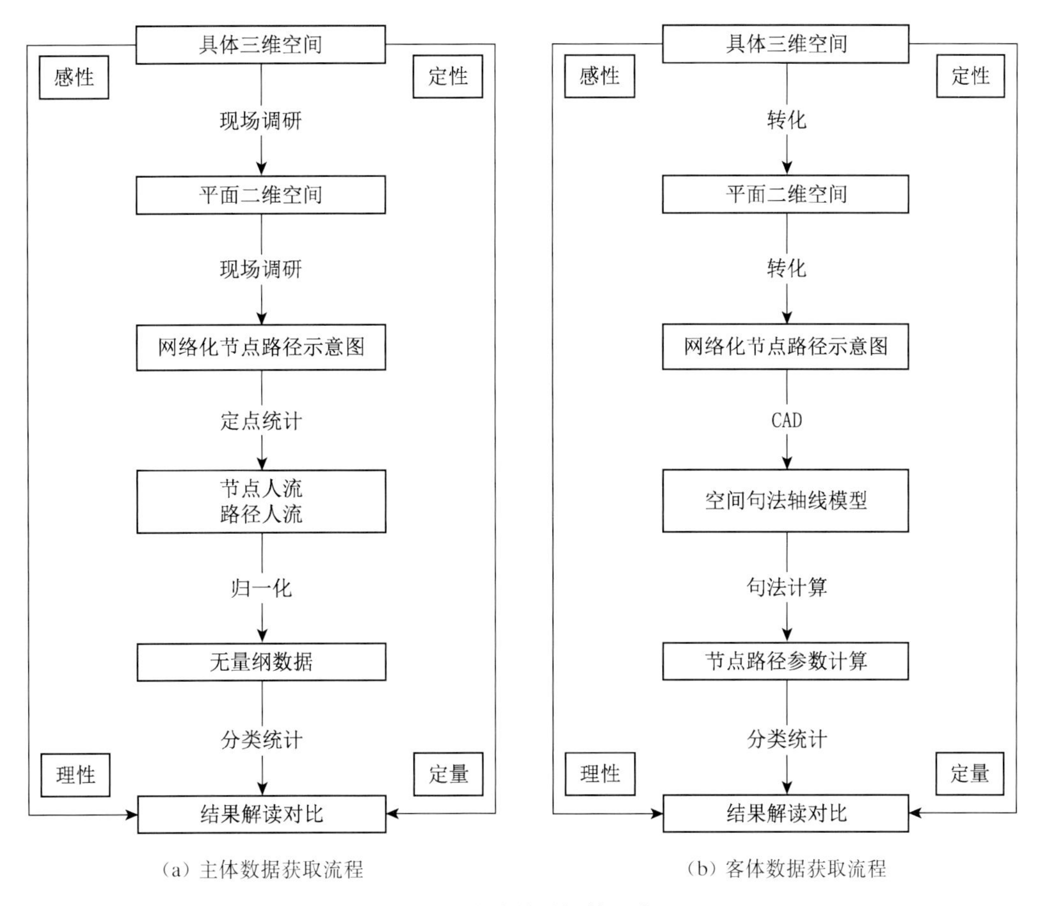

（a）主体数据获取流程　　（b）客体数据获取流程

图 5.12　主客体数据获取流程

（1）先前往地下空间进行实地调研，将具体的地上地下分层三维空间通过百度地图数据和实地调研资料转化为平面二维空间图。

（2）再通过实地调研，选定网络地下空间的节点与路径。节点主要分为内部节点和出入口的边界节点，当内部节点连接度大、可达性高时可判定为标志性节点；路径主要分为内部路径和外部衔接路径。根据选定的节点与路径分类，绘制网络化地下空间的节点路径示意图。

（3）对于主体参数角度，运用定点统计方法获得节点和路径的人流参数。第一统计人流量需要合理确定观察点，第二统计人流量应当随机在节假日以及工作日选择观察点。收集数据的时间应当选择两个时间段，分别是上午 10:30～11:30 以及下午 3:30～4:30，在各个观察点分别记录 5 min 的穿行人数并计算平均每分钟的人流量及其他参数。对于客体参数角度，通过 CAD 将网络化地下空间的节点路径示意图转化为空间句法的轴线分析模型。

（4）主体参数角度将节点和路径人流数据归一化处理；客体参数角度依据句法的计算原理和公式，计算出节点和路径的客体参数，并根据节点和路径的分类分别进行统计。

(5) 主体参数角度是汇总数据结果；客体参数角度是空间句法的结果展示，分为图表和数据。多个案例可从客体视角进行对比分析。

3. 空间句法轴线分析

根据前述评价指标及参数分析结果，地下空间便捷性的空间句法轴线分析流程如图5.13所示。

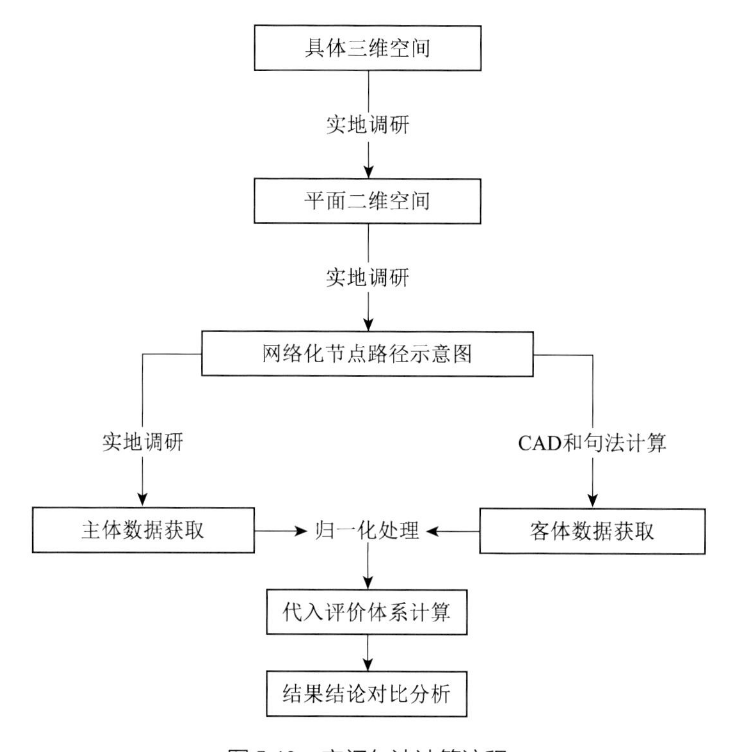

图 5.13　空间句法计算流程

(1) 先前往地下空间进行实地调研，将具体的地上地下分层三维空间通过百度地图数据和实地调研资料转化为平面二维空间图。

(2) 再通过实地调研，选定网络地下空间的节点与路径。节点主要分为内部节点和出入口的边界节点，当内部节点连接度大、可达性高时可判定为标志性节点；路径主要分为内部路径和外部衔接路径。根据选定的节点与路径分类，绘制网络化地下空间的节点路径示意图。

(3) 通过 CAD 将网络化地下空间的节点路径示意图转化为空间句法的轴线分析模型。

(4) 根据句法的计算原理和公式，计算出节点和路径的客体参数，并根据节点和路径的分类分别进行统计。由于本书的评价对象主要聚焦于地下空间的节点和路径，外部空间主要探究的是与城市公共空间的关系，包括其渗透性、开放性等。而内部空间则主要是探究节点空间与整个综合体空间系统之间的关系，包括可达性、连接性等。因此，基于本书研究对象的具体需求，选择了适合中微观层面的技术分析平台 Depthmap。

（5）空间句法的结果展示分为图表和数据。多个案例可从客体视角进行对比分析。

5.4 智能评价典型案例

5.4.1 基于地下空间智能评价的舒适度评价

如图 5.14 所示，上海五角场区域中，合生汇商场整体舒适度等级为 5 级；百联商场大部分区域舒适等级为 5 级，局部区域低于 4 级，整体舒适度等级为 5 级；万达广场区域舒适度等级以 5 级和 3 级为主，存在 1 处区域舒适度等级为 2 级，整体舒适度等级为 4 级；悠迈生活广场舒适度等级以 5 级和 3 级为主，整体舒适度等级为 4 级；五角场地铁站区域舒适等级以 3 级和 2 级为主，存在 1 处区域舒适度等级为 1 级，整体舒适度等级为 2 级；中心圆盘区域整体舒适度等级为 3 级。

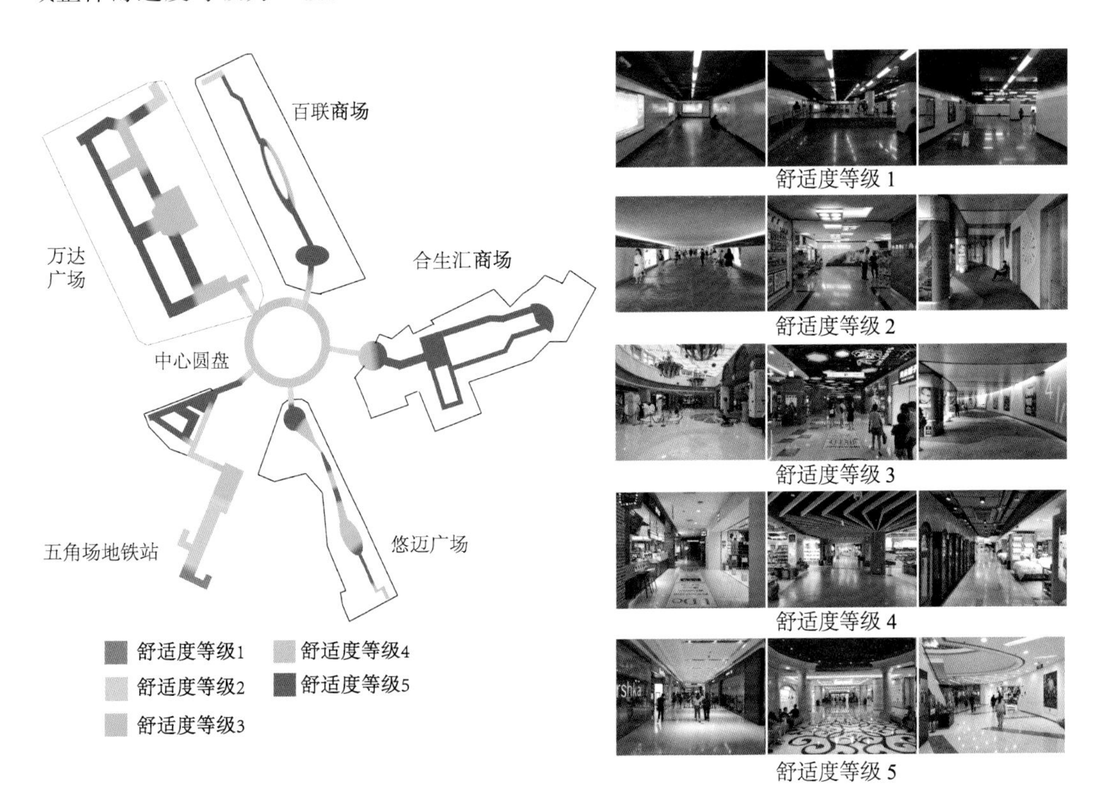

图 5.14　上海五角地下空间舒适度评测结果

将各区域整体舒适度等级进行加权平均，五角场区域整体舒适度评级为 4 级。如表 5.20 所示，为对应城市地下空间品质评价体系，智能评价结果经换算后，五角场地下商场、地铁站、步行街人工光谱指标评分依次为 3 分、1 分、3 分，满分为 4 分；空间丰富性指标评分依次为 3 分、1 分、3 分，满分为 4 分；环境艺术性指标评分依次为 3 分、1 分、3 分，满分为 4 分。

表 5.20　五角场区域智能评价结果

城市地下空间品质评价体系	五角场 地下商场	五角场 地铁站	五角场 步行街
生理环境舒适—人工光谱	3(4 级)	1(2 级)	3(4 级)
空间形态舒适度—空间丰富性	3(4 级)	1(2 级)	3(4 级)
审美体验舒适度—环境艺术性	3(4 级)	1(2 级)	3(4 级)

5.4.2　基于空间句法的便捷性评价

1. 便捷性指标权重计算

经过层次指标全排和一致性检验，得到总体指标权重，见表 5.21。

表 5.21　总体指标权重

一级指标	权重	二级指标	权重	三级指标	权重	四级指标	权重	综合权重
客体	0.67	节点	0.75	出入口	0.56	连接度	0.17	0.047 2
						深度值	0.39	0.108 2
						可达性	0.44	0.123 8
				内部节点	0.32	连接度	0.17	0.027 0
						深度值	0.39	0.061 9
						可达性	0.44	0.070 9
				标志性节点	0.12	连接度	0.17	0.010 3
						深度值	0.39	0.023 6
						可达性	0.44	0.027 0
		路径	0.25	内部路径	0.83	可理解度	1	0.138 9
				外部衔接路径	0.17	可理解度	1	0.027 8

（续表）

一级指标	权重	二级指标	权重	三级指标	权重	四级指标	权重	综合权重
主体	0.33	节点	0.75	出入口	0.56	平均拥堵时间	0.8	0.111 7
						人均宽度	0.2	0.027 9
				内部节点	0.32	平均拥堵时间	0.8	0.063 9
						人均宽度	0.2	0.016
				标志性节点	0.12	平均拥堵时间	0.8	0.024 4
						人均宽度	0.2	0.006 1
		路径	0.25	内部路径	0.83	人均速度	0.75	0.052 1
						人均面积	0.25	0.017 4
				外部衔接路径	0.17	人均速度	0.75	0.010 4

2. 客体数据获取

首先，从百度地图和实地调研获取地图初步数据图，根据空间句法原理简化成节点和路径组成的空间构型，其中节点分为内部节点、外部节点和标志性节点，路径分为内部路径、外部路径和交通干道。构建空间句法轴线的计算模型如图 5.15 所示。

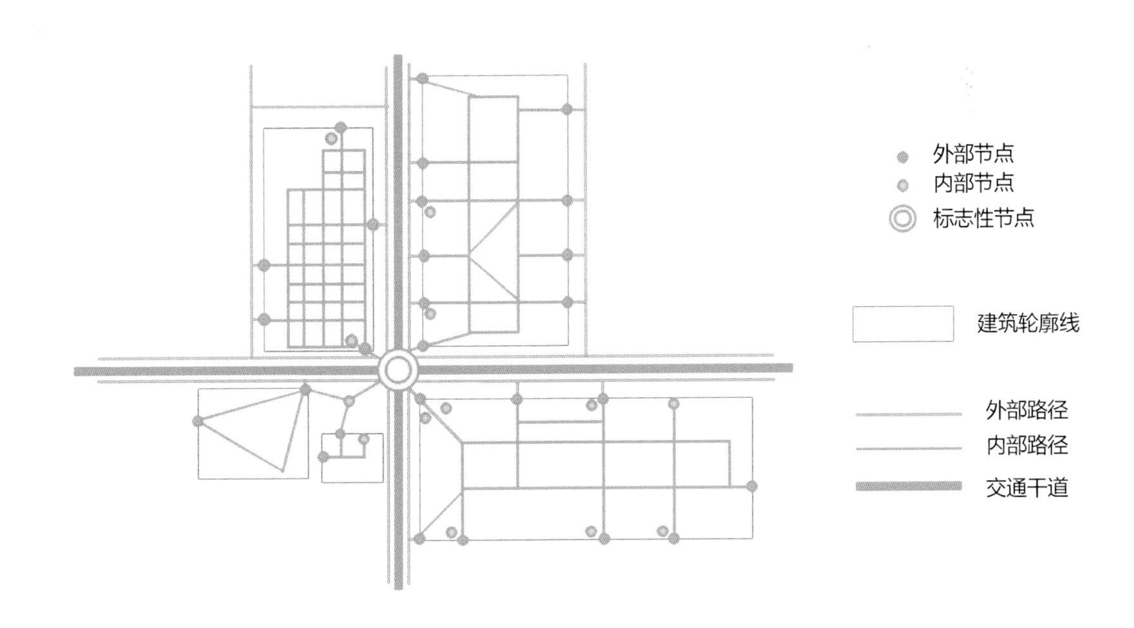

(a) 上海五角场商业中心节点、路径示意图

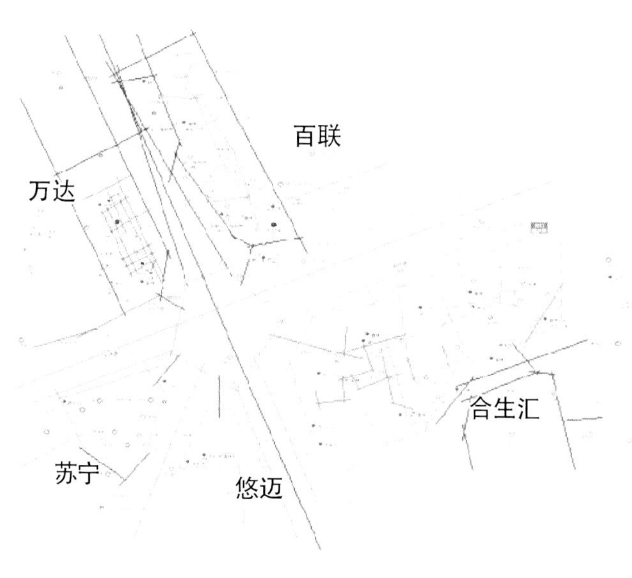

（b）上海五角场商业中心空间句法计算编号图

图 5.15　上海五角场商业中心客体数据及处理图

3. 客体数据计算与分析

根据轴线法通过空间句法计算模型计算出上海五角场商业中心的连接值、深度值和可达性。图 5.16(a)中，红色代表连接更多的路径，蓝色代表连接更少的路径；图 5.17(a)中，红色代表距离其他节点较远，蓝色代表距离其他节点较近；图 5.18(a)中，红色代表可达性较好，蓝色代表可达性较差。图 5.19(a)，(b)分别为内外路径的可理解度计算结果，R^2 越大，可理解度越高，方向感越好。

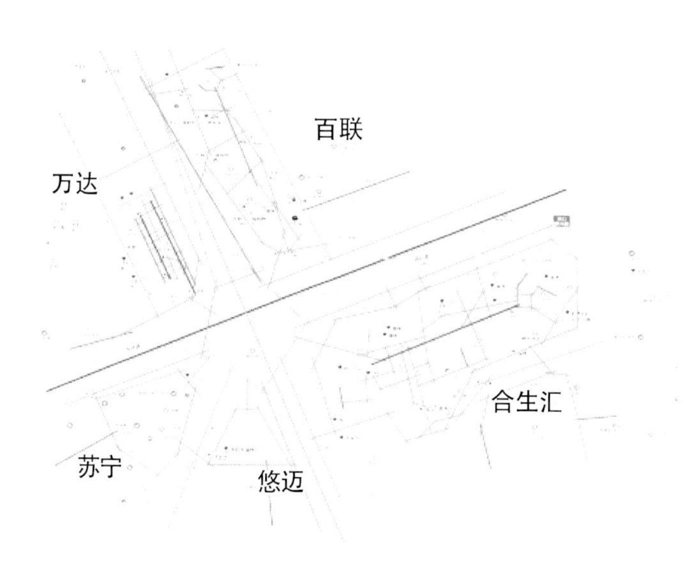

（a）上海五角场商业中心连接度计算图

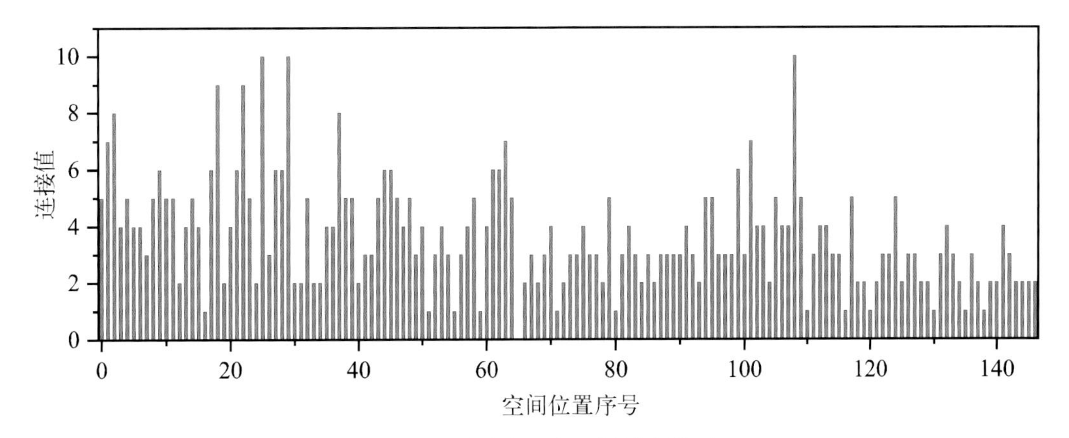

（b）上海五角场商业中心连接值柱状图

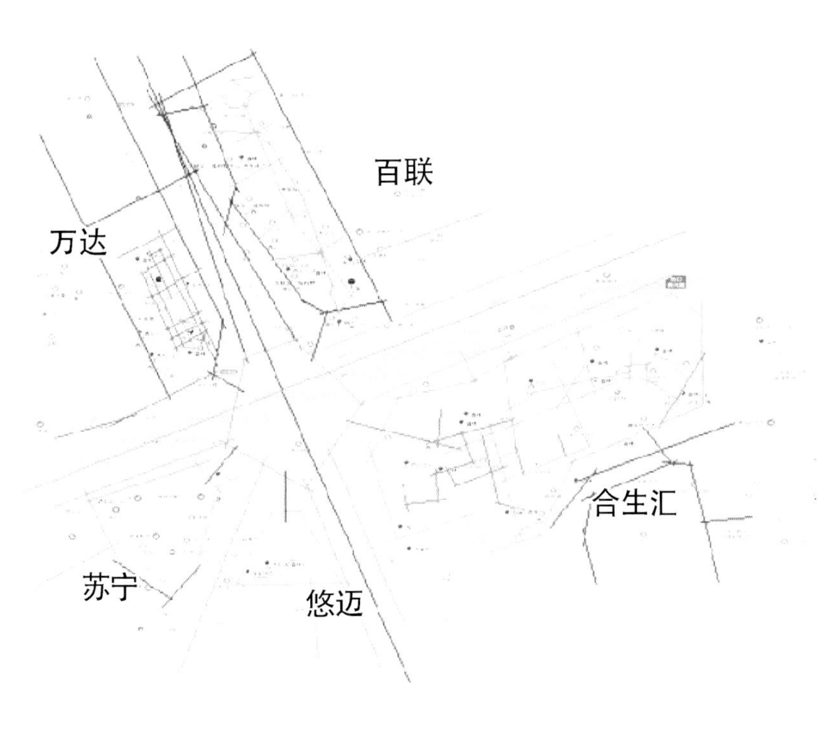

（c）上海五角场商业中心句法计算编号图

图 5.16　上海五角场商业中心连接值计算结果

由图 5.16 可知，单从节点连接值的客体参数来看，五角场地区万达的内部空间连接度规划最佳，其次分别是合生汇和百联，图 5.16（b）连接值的双峰值分别对应万达内部红色区域和合生汇内部红色区域。

由图 5.17 可知，合生汇的局部区域深度值较大，想步行至其余地下空间距离较远，而万达、百联、苏宁和悠迈深度值较小，步行至其余地下空间的距离较短，图 5.17(b)深度值的峰值出现在合生汇。

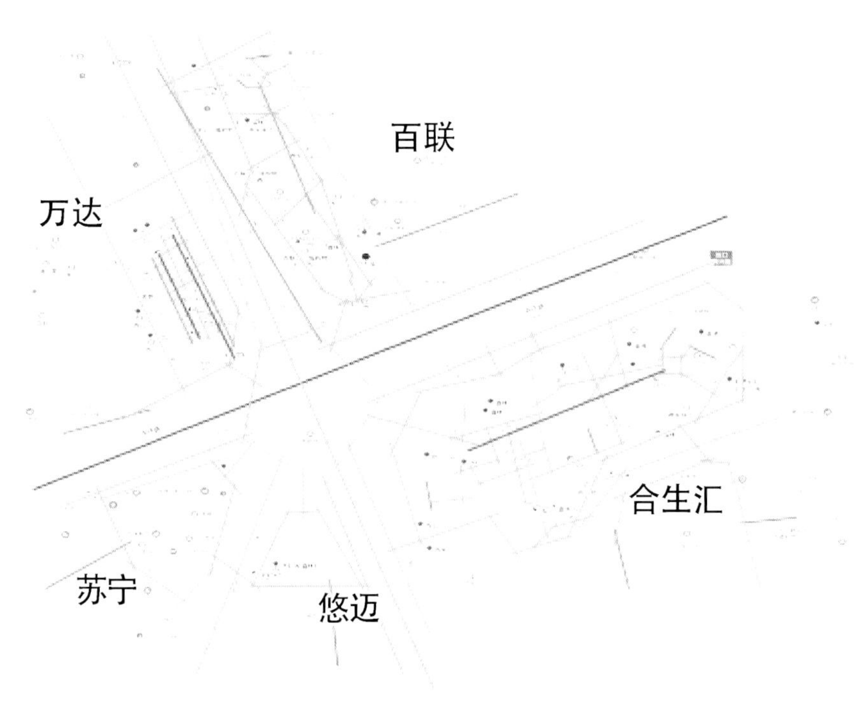

(a) 上海五角场商业中心深度值计算图

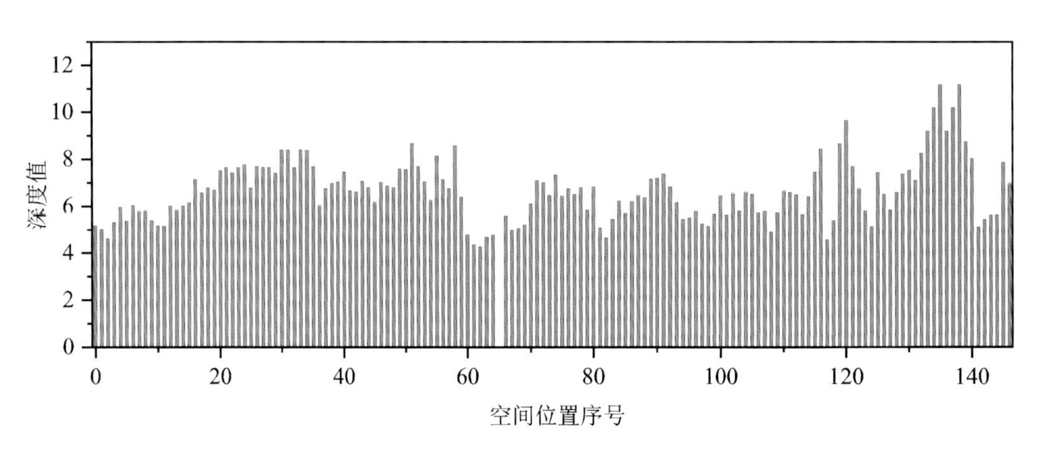

(b) 上海五角场商业中心深度值柱状图

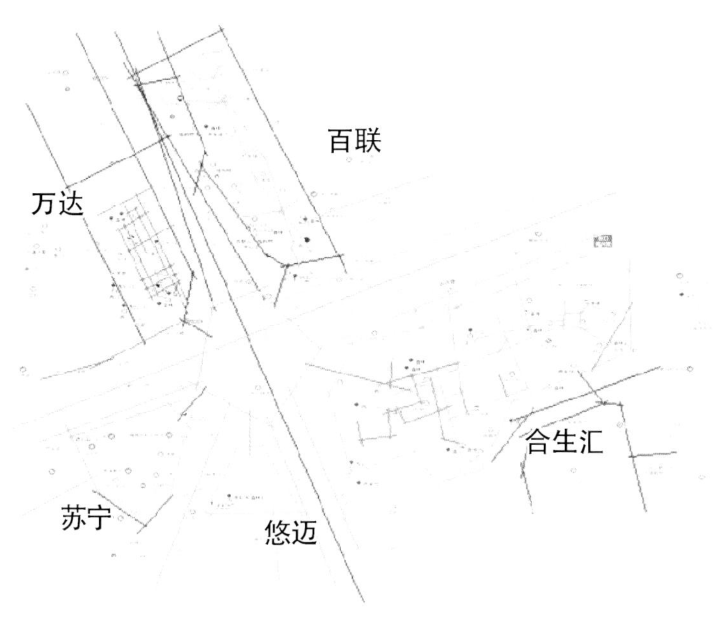

（c）上海五角场商业中心句法计算编号图

图 5.17　上海五角场商业中心深度值计算结果

由图 5.18 可知，从客体参数来看，上海五角场商业中心可达性最高的点在中间的标志性节点，即该标志性节点具有最高的可达性，也较易吸引更多的人流量，图 5.18(b)可达性的峰值出现在标志节点。

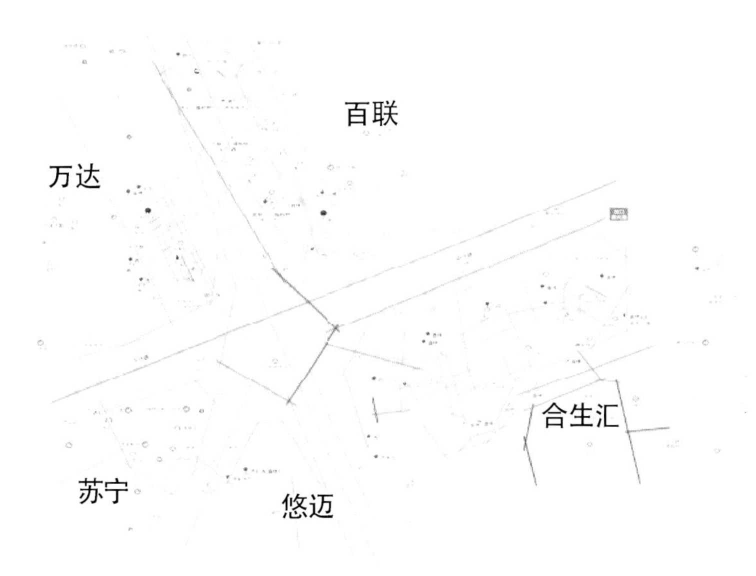

（a）上海五角场商业中心可达性计算图

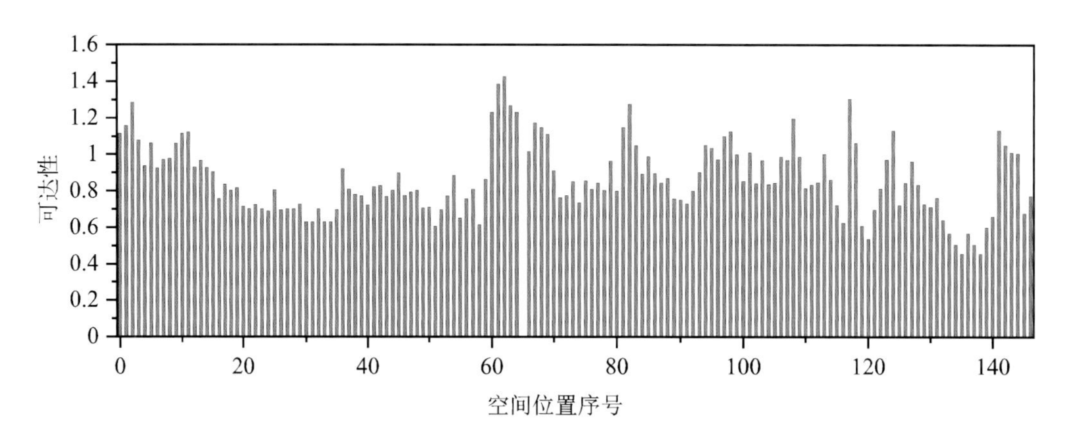

(b) 上海五角场商业中心可达性柱状图

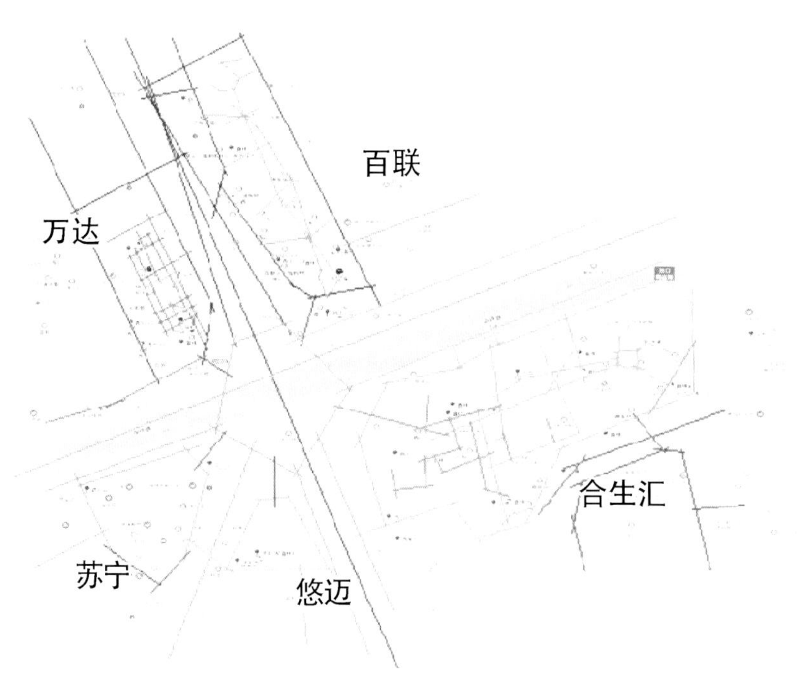

(c) 上海五角场商业中心句法计算编号图

图 5.18　上海五角场商业中心可达性计算结果

由图 5.19 可知，从客体数据来看，上海五角场商业中心的内外路径可理解度没有差异，内外路径规划的协调性较好，但可理解度 R^2 都低于 0.5，因此内外部都容易迷失方向，由于外部有建筑参照物，而地下空间内部没有，因此要注意提升地下空间内部的方向感。

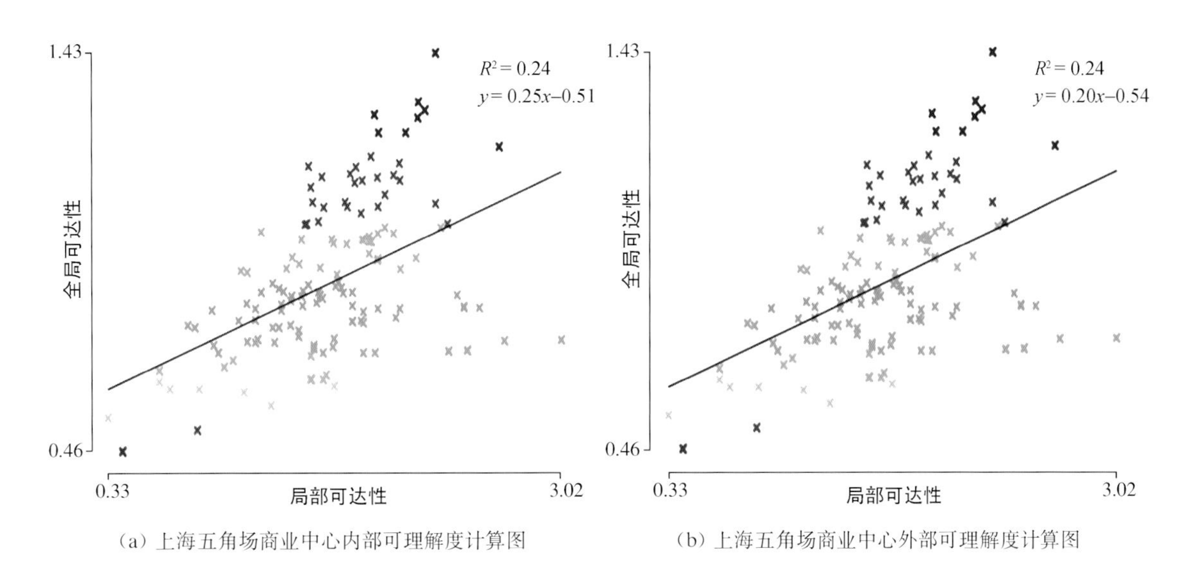

(a) 上海五角场商业中心内部可理解度计算图　(b) 上海五角场商业中心外部可理解度计算图

图 5.19　上海五角场商业中心可理解度计算结果

4. 主体数据获取

主体数据由现场调研获得,结合客体计算参数整理见表 5.22。

表 5.22　上海五角场商业中心客体参数计算表

分项		客体数据	主体数据		主体数据单位
节点	出入口	连接值	平均拥堵时间	1.65	min
		深度值	人均宽度	1.82	m
		可达性			
	内部节点	连接值	平均拥堵时间	1.01	min
		深度值	人均宽度	1.94	m
		可达性			
	标志性节点	连接值	平均拥堵时间	1.13	min
		深度值	人均宽度	0.56	m
		可达性			
路径	内部路径	可理解度	平均速度	1.04	m/s
			人均面积	1.78	m^2/人
	外部路径	可理解度	平均速度	1.16	m/s
			人均面积	7.23	m^2/人

5. 便捷性评分

利用层次分析法计算系统评分。不同指标的单位与量纲均不同，不可直接进行计算、对比。所以，在计算各指标权重前，需进行标准化处理。

如果指标是正向指标，则标准化公式为

$$x'_{ij}=\frac{x_{ij}}{x_j^{\max}} \tag{5.34}$$

如果指标是负向指标，则标准化公式为

$$x'_{ij}=1-\frac{x_{ij}}{x_j^{\max}} \tag{5.35}$$

利用标准化的数据与权重相乘得到综合得分：

$$Z_i=\sum_{j=1}^{p}\omega_j x'_{ij} \tag{5.36}$$

经计算，上海五角场商业中心的综合得分为 0.76。

第6章 城市地下空间品质评价案例实践

本章以团体标准《城市地下空间品质评价标准》为基础，通过多次现场评价，确定安全度、舒适度、便捷性和可持续(整合绿色、质量、效益等指标)为四个一级指标。从四个一级指标出发构建包含三级指标的城市地下空间品质评价体系，利用该评价体系，完成对城市地下空间场景的品质评价，明确对应的地下空间场景的优势特征，挖掘其突出品质。选取“武汉光谷综合体地下空间”“上海五角场地下空间”“武汉轨道交通7号线徐家棚站”“湖南贺龙体育馆·城市生活广场”“武汉匠心汇地下商业街”“北京师范大学昌平校区中心地下区”作为商业类、交通类、文体类的典型案例，开展城市地下空间品质评价分析。

6.1 武汉光谷综合体地下空间

1. 项目概况

光谷综合体地处武汉光谷交通咽喉和商业核心，节假日客流约 40 万人次，高峰小时约 8 万人次，是亚洲最大最复杂的地下综合交通枢纽(图 6.1、图 6.2)。

光谷广场“2 隧 3 线 4 站”全地下立交综合体，工程总建筑面积 16 万 m²，总投资约 61 亿元，其主要组成部分和功能如下：

(1) 2,9,11 号线共 3 条地铁线的 4 座车站和区间工程相互连通，疏导客流；

(2) 珞喻路、鲁磨路 2 条公路隧道立体相交，分离过境车流；

(3) 地下公共空间工程、地下非机动车环道整体连通，供行人及非机动车便捷通行。

(a) 鸟瞰图

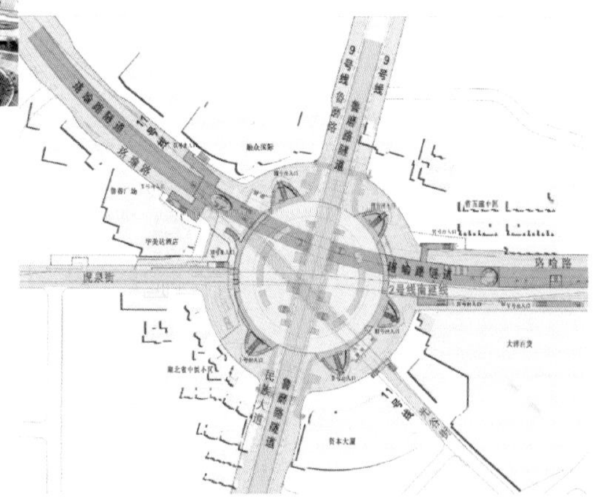

(b) 交通示意图

图 6.1　光谷综合体

图 6.2　光谷广场综合体整体效果

2. 品质评价

光谷综合体地下空间品质评价得分见表 6.1。

表 6.1　光谷综合体地下空间品质评价得分

工程项目名称	交通类——光谷综合体地下空间				
总得分	219/318				
一级指标汇总					
名称	总分	得分	权重	评分	比值
安全度	81	58	1	58	0.72
舒适度	97	68	1	68	0.70
便捷性	86	74	1	74	0.86
可持续	54	19	1	19	0.35
合计	318	219	1	219	0.69

3. 品质构成

光谷综合体地下空间品质评价各级指标与高得分指标见表 6.2。

表 6.2 光谷综合体地下空间品质评价各级指标与高得分指标

一级指标	二级指标	三级指标项	
安全度	场地及结构体系安全度	工程地质及水文地质条件	
		周边环境安全	
		结构设施安全	
	空间布局与疏散体系安全度	疏散能力	★
		防灾空间布局	
		疏散组织	★
	设备设施及防灾体系安全度	监测与监控	
		功能全面性	
		空间覆盖度	
	救援及应急保障体系安全度	救援通道	
		设施保障	
		保障预案	★
舒适度	空间形态舒适度	空间尺度	★
		空间丰富性	★
		空间开放度	★
	生理环境舒适度	声环境舒适度	★
		光环境舒适度	
		热湿环境及空气质量	
	功能服务舒适度	功能丰富性	★
		设施服务性	
		服务效率	★
	审美体验舒适度	景观标志性	★
		环境艺术性	★
		文化特色性	

（续表）

一级指标	二级指标	三级指标项	
便捷性	外部连通可达性	外部连通设计	★
		出入口设计	★
		公共交通接驳	★
	内部连通可达性	内部可达性	★
		连通协调性	
		连通路径设计	
	连通体系可达性	连通方式	★
		通道尺度	★
		设施设备	★
	组织管理便利性	导向标识	
		瓶颈管理	
		智慧化辅助设施	
可持续	环境可持续	生态保护	★
		特殊风貌	
		空间协调	★
	资源可持续	可再生能源利用	★
		节水及再利用	★
		节材及循环利用	★
	发展可持续	规模可持续性	
		经济可持续性	★
		设施设备可更新性	
	智能化及系统化控制	环境及能源智能控制	
		常用设备利用效率	
		全寿命一体化控制	

4. 品质特质

光谷综合体地下空间主要品质特质如图 6.3 所示。

舒适度

形态 尺度
光影 比例
色彩 丰富
开放 肌理
温润 功能
静谧 设施
光亮 服务
宜人 商业
文化 标志
艺术

便捷性

通达 易达
通畅 多达
接驳 导向
网络 标识
协调 智慧
路径
无障

安全度

安全 救援
防灾 应急
救援
保障

可持续

生态 风貌
经济 节能
持续 低碳
更新 绿色
再生
智慧

图 6.3　光谷综合体地下空间主要品质特质

（1）在多路汇集的城市中心节点有限空间内实现各类型交通一体化。

（2）在城市中心节点实现特大型复杂地下交通枢纽的安全快速建造(图 6.4)。

（3）在超大客流条件下保障工程畅通、安全、智慧、绿色运行。

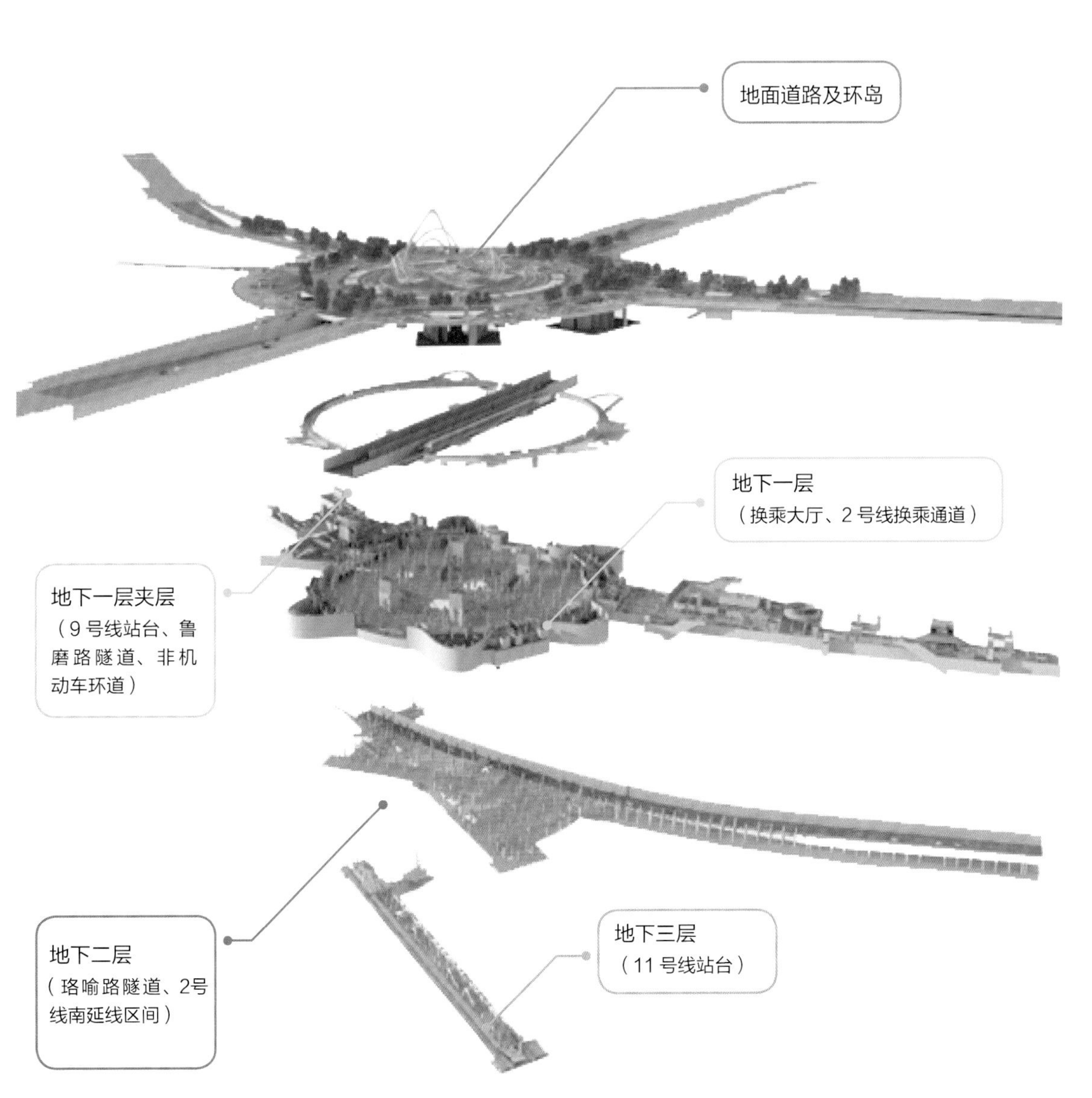

图 6.4　光谷综合体地下空间各层交通接驳示意图

首创地下高架车站和公路隧道的全新建筑形式，创建了城市中心节点有限地下空间内5条交通线路交汇的立体布局，实现了地下空间的巧妙利用，构建了畅通无阻隔的大型地下交通空间(图6.5)。

图6.5 光谷综合体地下空间剖切图

首创三环层叠、多线放射的城市中心立体交通解决方法。通过地面机动车环道、地下非机动车环道、地下人行环道与公共空间三环层叠，解决节点内部循环与连通；通过公路隧道与地铁线组成的放射交通线，解决节点与外部的连接与疏导。研究构建的地上+地下五层立体交通综合体，实现了各类型交通的立体分流和顺畅通行（图6.6—图6.10）。

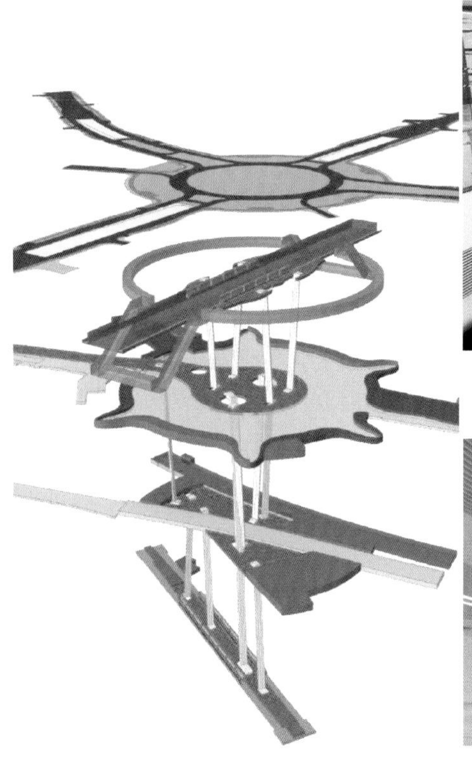

图6.6　光谷综合体地下空间分层示意图

图6.7　光谷综合体地下一层二层连接处

图6.8　光谷综合体地下一层换乘大厅（一）

图6.9　光谷综合体地下空间换乘通道

图6.10　光谷综合体地下一层换乘大厅（二）

图 6.11 所示为光谷综合体地下一层换乘大厅采光窗。

图 6.12 所示为光谷综合体地下一层出入口设计元素“火”。

图 6.11　光谷综合体地下一层换乘大厅采光窗(一)

图 6.12　光谷综合体地下一层出入口(“火”)

城市景观创造：通过系列创新创造了优美的城市环境，打造了超大跨度、超高净空、优美舒适的现代地下公共空间(图 6.13、图 6.14)。

图 6.13　光谷综合体地下一层换乘大厅采光窗(二)

图 6.14　光谷综合体地下一层换乘大厅光影效果

服务 多样

无障 路径

图 6.15 所示为非机动车道。

图 6.16 所示为地下一层换乘大厅。

图 6.17 所示为地下长廊。

图 6.18 所示为光谷综合体地下空间出入口。

图 6.15 非机动车道

图 6.16 地下一层换乘大厅

图 6.17 地下长廊

图 6.18 光谷综合体地下空间出入口

引入大型下沉广场、中庭、采光天窗，形成内外交融、绿色阳光、舒适宜人的现代地下公共空间，创造了内外交融的高品质地下环境，实现了功能与环境的高度融合；因地制宜首创了五行传统文化主题景观，运用五行色标实现了清晰的地上地下一体化导向系统，创造了优美的城市环境(图 6.19—图 6.21)。

图 6.19　下沉广场

图 6.21　各元素出入口

(从上至下依次为金水木火土)

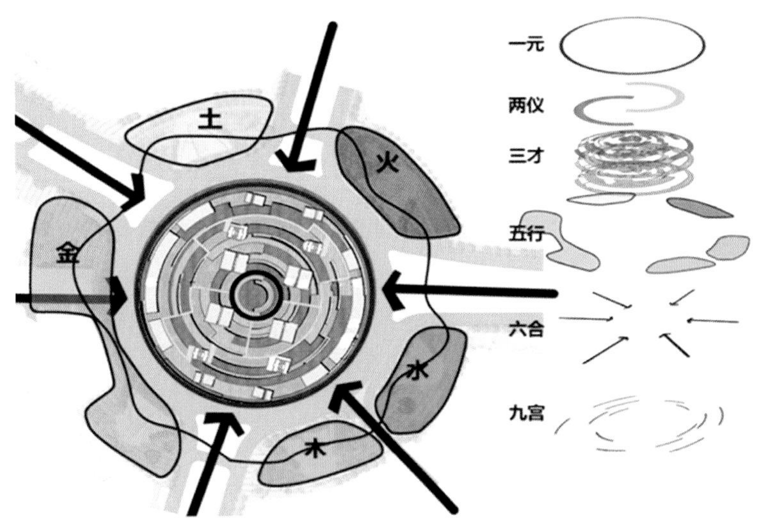

图 6.20　光谷综合体地下空间概念示意图

(1) 研发了全地下高大空间自然排烟和气流组织关键技术，低成本、高效地实现了全地下高大空间正常运行工况的自然采光通风和火灾工况下的全自然自动排烟，填补了该领域的技术空白。

(2) 首创地铁车站轨行区自然排烟、排热兼隧道通风系统(图6.22)，实现了地铁隧道通风系统高效、绿色运行。

图 6.22　地下空间通风模拟结果

光谷综合体惠及光谷180万居民的交通出行，彻底解决了光谷交通咽喉的拥堵问题，有效利用了城市土地资源，通过地下公共空间连通了周边百万平方米高品质商业，带动了城市可持续发展，提升和完善了城市中心节点功能，创造了优美的城市环境，获得了社会各界的广泛赞誉（图6.23、图6.24）。

图6.23　光谷综合体日景整体效果

图6.24　光谷综合体夜景整体效果

安全 救援
应急 保障

光谷综合体施工开创了基于分区分期拓展的超大型复杂多层基坑施工工法，构建了基于既有主体结构承载的拓展基坑支撑体系，优质高效地完成了超大型复杂基坑工程施工（图 6.25—图 6.27）。

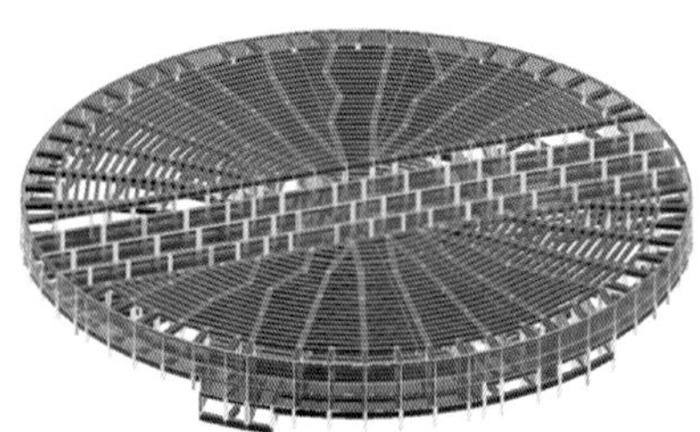

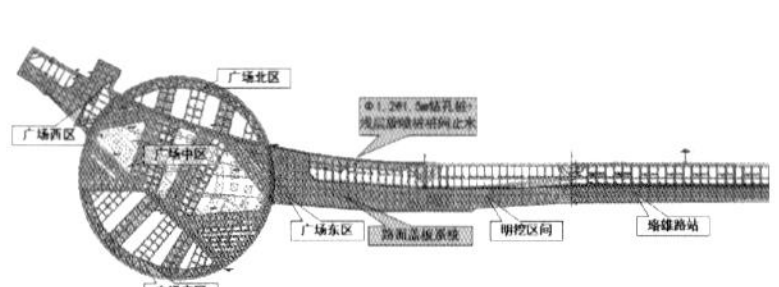

图 6.25　地下空间结构体系示意图

图 6.26　施工中的综合体

图 6.27　综合体梁板柱结构

功能　设施

智慧　协调

光谷综合体项目研制了全过程、多要素、全专业协同 BIM 设计系统，针对全交通形式、多线路、全专业的功能需求进行了系统的模拟验证和研究优化，解决了常规手段难以应对的设计难题，全面保证了功能最优化（图 6.28、图 6.29）。

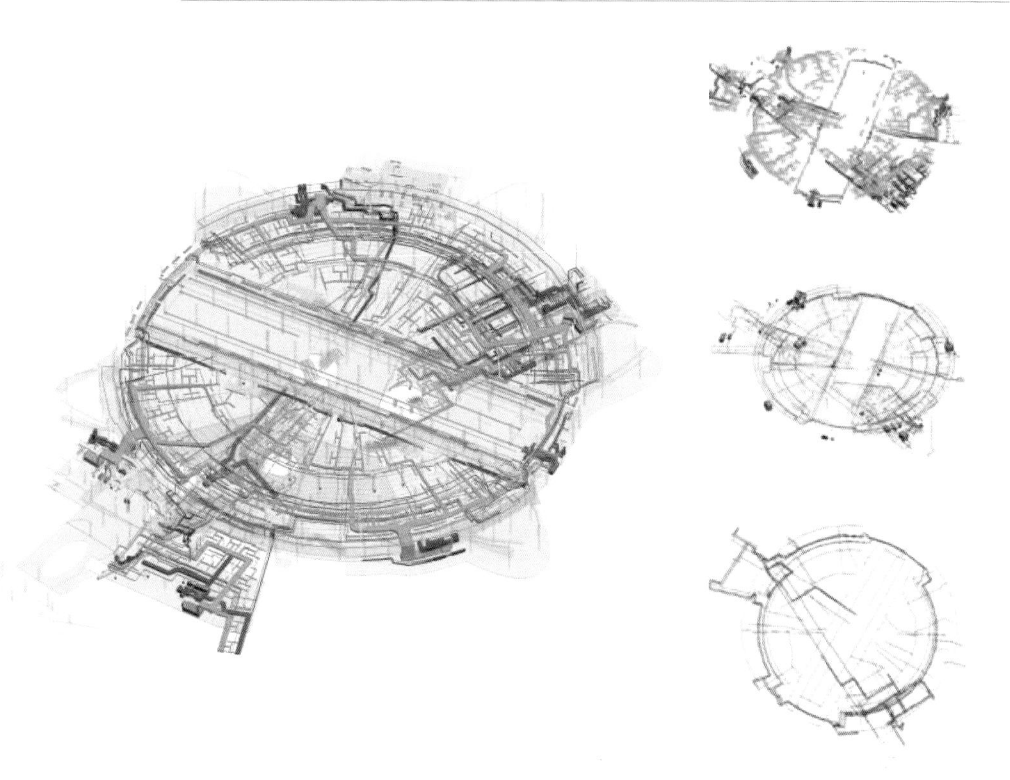

图 6.28　光谷综合体 BIM 设计系统

图 6.29　光谷综合体客流模拟

6.2 上海五角场地下空间

1. 项目概况

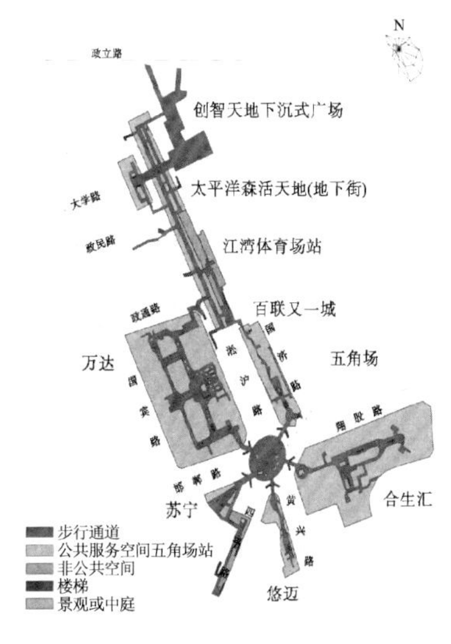

(a) 平面示意图

五角场是上海九大主城副中心之一，位于上海中心城区东北部，集聚着商务、商业、教育等多种城市功能。

2006 年，以人车分流为主要理念，五角场地区规划并建设了单向全长约 1.2 km 的地下步行系统。五角场地下空间商业部分以地下一层为主，功能以商业和步行交通为主，将五角场地区的 2 座地铁车站（五角场站和江湾体育场站）、五角场下沉式广场、5 座商务或商业中心、太平洋森活天地（江湾体育站地下街）和创智天地相串联，地下一层连通面积约 12.8 万 m^2。上海五角场地下空间如图 6.30 所示。

(b) 地面俯视图

图 6.30　上海五角场地下空间

2. 品质评价

上海五角场地下空间各区域品质评分与整体评分见表6.3。

表6.3　上海五角场地下空间各区域品质评分与整体评分

区域	品质评分 Q 值	权重	五角场整体品质评分
五角场区域地下商场	78.28	0.6	76.43
五角场区域地铁站	65.08	0.15	
五角场区域地下商业街	78.78	0.25	

上海五角场地下空间一层由两部分组成：以商业为主导的地下空间和以交通为主导的地下空间，因此根据功能将五角场地下空间分为两部分进行评价。

(1) 商业类。五角场区域地下商场：万达广场地下一层、苏宁地下一层、合生汇地下一层、悠迈地下一层、百联又一城地下一层。五角场区域地下商业街：太平洋森活天地。

(2) 交通类。五角场区域地铁站：五角场地铁站、江湾体育场站。

上海五角场整体品质评分为76.43分，按照"城市地下空间品质评价体系"，其品质等级为三星级(良好)，如图6.31所示。

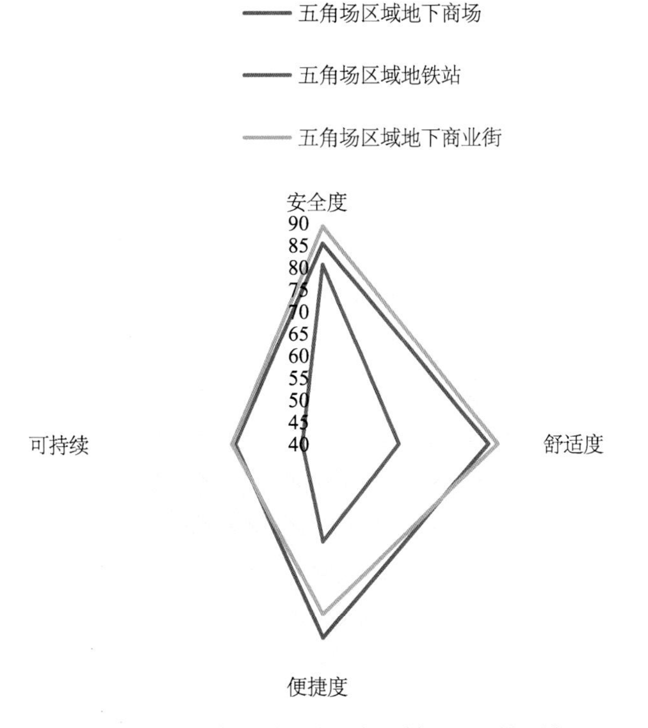

图6.31　上海五角场地下空间各区域品质评价雷达图

上海五角场商业类地下空间评分：

(1) 合生汇及百联又一城整体视觉舒适度等级为5级(舒适)；

(2) 万达广场地下一层及苏宁地下一层整体视觉舒适度等级为4级(较舒适)；

(3) 悠迈广场地下一层及中心圆盘整体视觉舒适度等级为3级(略舒适)；

(4) 商业类地下空间安全度、舒适度、便捷性得分较高；

(5) 可持续评价受限于部分资料缺失等原因，得分较为保守。

上海五角场交通类地下空间评分：

(1) 五角场地铁站整体舒适度等级为2级(较不舒适)；

(2) 安全度评价得分相对其他指标较高；

(3) 受限于空间形态及环境色彩配置，舒适度得分最低；

(4) 可持续评价受限于部分资料缺失等原因，得分较为保守。

上海五角场地下空间各等级视觉舒适度区域分布如图6.32所示。

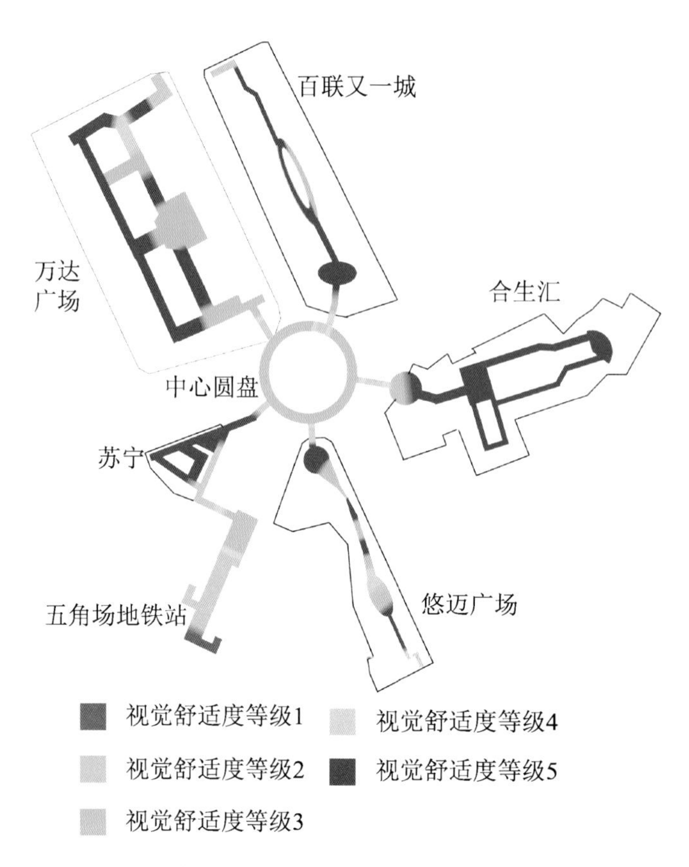

图6.32　上海五角场地下空间各等级视觉舒适度区域分布

3. 品质构成

本次评价根据“城市地下空间品质评价体系”开展，每个子项满分为100分，品质评分总分为100分。根据品质评分良好、优秀、卓越分别给予三星级、四星级、五星级。

上海五角场地下空间商业类、交通类品质评分得分分别见表6.4、表6.5。

表6.4　上海五角场地下空间商业类品质评分得分

一级指标	二级指标	二级指标权重	二级指标得分	一级指标得分	一级指标权重	品质评分
安全度	场地及结构体系安全	0.25	92.86	85.34	0.3	78.28（三星级）
	空间布局与疏散组织	0.30	81.25			
	防灾设施设备	0.25	95.00			
	救援及应急保障	0.20	70.00			
舒适度	空间舒适度	0.30	87.50	78.57	0.25	
	生理环境舒适度	0.25	96.43			
	功能与服务	0.30	60.71			
	个性化与艺术	0.15	66.67			
便捷性	系统外部连通性	0.20	82.14	83.93	0.25	
	内部连通及流线组织	0.30	75.00			
	连通道设计	0.30	90.00			
	组织管理	0.20	90.00			
可持续	环境协调性	0.30	75.00	60.25	0.2	
	资源综合利用	0.30	50.00			
	可持续发展	0.30	55.00			
	设施设备可更新性	0.1	62.00			

表 6.5 上海五角场地下空间交通类品质评分得分

一级指标	二级指标	二级指标权重	二级指标得分	一级指标得分	一级指标权重	品质评分
安全度	场地及结构体系安全	0.25	92.86	80.59	0.35	65.08
	空间布局与疏散组织	0.30	81.25			
	防灾设施设备	0.25	80.00			
	救援及应急保障	0.20	65.00			
舒适度	空间舒适度	0.30	56.25	57.59	0.2	
	生理环境舒适度	0.25	75.00			
	功能与服务	0.30	60.71			
	个性化与艺术	0.15	25.00			
便捷性	系统外部连通性	0.20	60.71	62.14	0.3	
	内部连通及流线组织	0.30	66.67			
	连通道设计	0.30	60.00			
	组织管理	0.20	60.00			
可持续	环境协调性	0.30	58.33	44.75	0.15	
	资源综合利用	0.30	10.00			
	可持续发展	0.30	60.00			
	全寿命一体化控制	0.1	92.86			

上海五角场地下空间商业空间、交通空间品质评价各级指标与高得分指标分别见表 6.6、表 6.7。

表 6.6　上海五角场地下空间商业空间品质评价各级指标与高得分指标

一级指标	二级指标	三级指标项	
舒适度	空间形态舒适度	空间尺度	★
		空间丰富性	★
		空间开放度	★
	生理环境舒适度	声环境舒适度	
		光环境舒适度	★
		热湿环境及空气质量	★
	功能服务舒适度	功能丰富性	★
		设施服务性	★
		服务效率	★
	审美体验舒适度	景观标志性	★
		环境艺术性	★
		文化特色性	★
便捷性	外部连通可达性	外部连通设计	★
		出入口设计	
		公共交通接驳	★
	内部连通可达性	内部可达性	★
		连通协调性	★
		连通路径设计	★
	连通体系可达性	连通方式	
		通道尺度	★
		设施设备	
	组织管理便利性	导向标识	
		瓶颈管理	
		智慧化辅助设施	

表 6.7　上海五角场地下空间交通空间品质评价各级指标与高得分指标

一级指标	二级指标	三级指标项	
舒适度	空间形态舒适度	空间尺度	★
		空间丰富性	
		空间开放度	
	生理环境舒适度	声环境舒适度	
		光环境舒适度	
		热湿环境及空气质量	
	功能服务舒适度	功能丰富性	★
		设施服务性	★
		服务效率	
	审美体验舒适度	景观标志性	★
		环境艺术性	
		文化特色性	★
便捷性	外部连通可达性	外部连通设计	★
		出入口设计	
		公共交通接驳	★
	内部连通可达性	内部可达性	★
		连通协调性	★
		连通路径设计	★
	连通体系可达性	连通方式	
		通道尺度	★
		设施设备	★
	组织管理便利性	导向标识	
		瓶颈管理	
		智慧化辅助设施	

4. 品质特质

上海五角场地下空间主要品质特质如图 6.33 所示。

舒适度

形态 尺度
光影 比例
色彩 丰富
风貌 开放
肌理 温润
功能 静谧
设施 光亮
服务 宜人
商业 文化
标志 艺术

便捷性

通达 易达
通畅 多达
接驳 导向
网络 标识
协调 智慧
路径
无障

可持续

生态 风貌
经济 节能
持续 低碳
更新 绿色
再生
智慧

图 6.33　上海五角场地下空间主要品质特质

上海五角场地下空间商业空间品质特质

尺度　形态
丰富　开放

五角场区域呈“一圈五线”的星状布局，下沉广场呈规则的椭圆形态，广场上方的高架道路部分设计有椭圆形扁球体的钢架景观构筑物“彩蛋”。整个下沉广场有效地缓解了城市道路的噪声干扰，配以新颖设计与空间氛围、良好的空间尺度以及合理的城市家具设置，吸引着众多市民在此停留与活动(图6.34、图6.35)。

图6.34　上海五角场整体效果

图6.35　下沉广场入口人视

通达 通畅

接驳 网络

五角场下沉广场自内而外采用中心放射布局，共有 5 个出入口连接周边 5 个商业综合体地下部分以及地铁站，区域可达性及整合度高。太平洋森活天地地下商业街呈现连脊形布局，共有 11 个出入口连接地面、周边地下商场及地铁站，区域可达性及可视性高(图 6.36—图 6.41)。

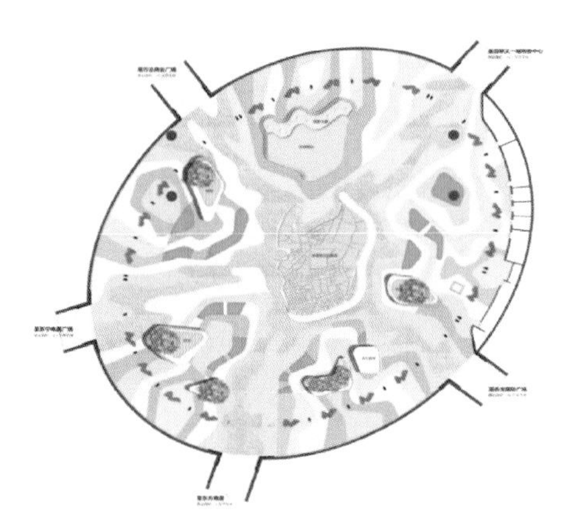

图 6.36 上海五角场平面示意图

图 6.37 上海五角场地面景观

图 6.38 上海五角场地下空间

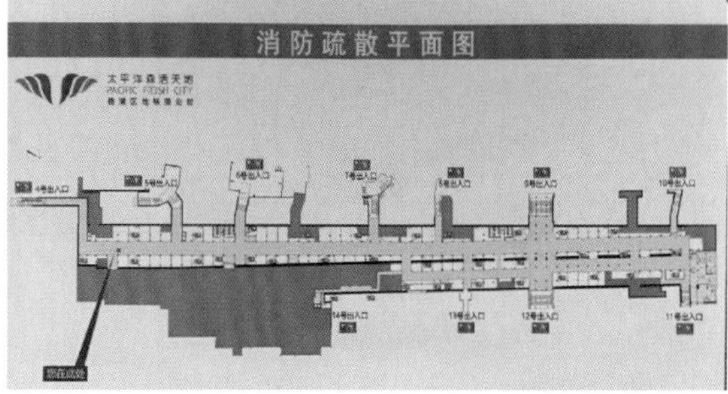

图 6.39 上海五角场地下消防疏散平面图

图 6.40 上海五角场地下空间交通衔接

图 6.41 上海五角场地下通道

五角场的地下空间位于环岛的下沉广场附近，该广场是地下空间的中心广场，周边有 9 个出入口，分别可以到达 5 条主干道，并且连接周围商场的负一层(图 6.42—图 6.44)。

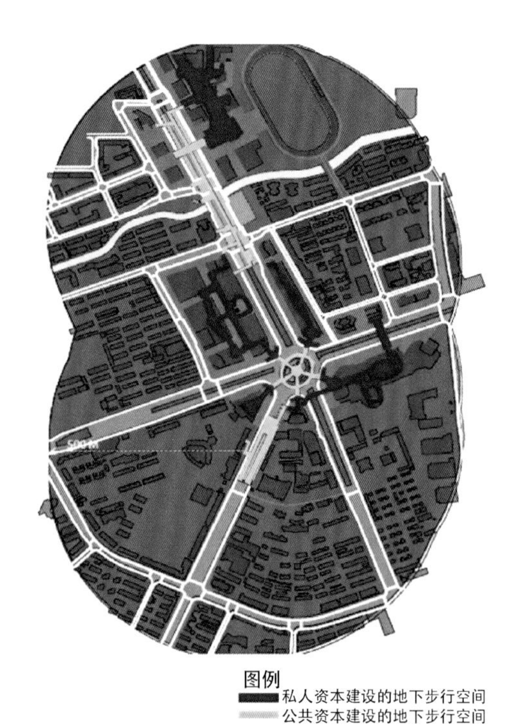

图 6.42　上海五角场地下公共空间与私有空间分布

图 6.43　上海五角场地下商业街

图 6.44　上海五角场地下商业设施

上海五角场地下商业街标识指示牌如图 6.45 所示，上海五角场地区地形图及地下空间出入口平面图如图 6.46、图 6.47 所示。

图 6.45　上海五角场地下商业街标识指示牌

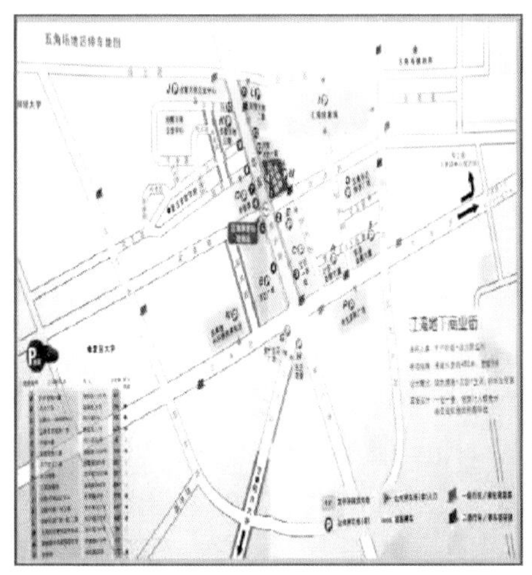

图 6.46　上海五角场地区地形图

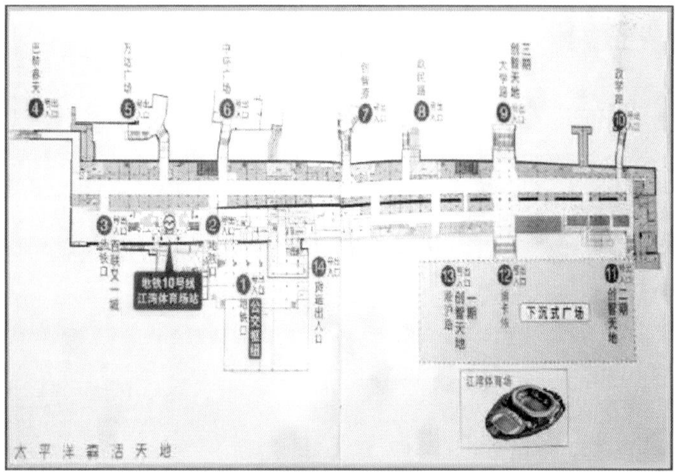

图 6.47　上海五角场地下空间出入口平面图

光亮　宜人

绿色　低碳

太平洋森活天地地下商业街采用通长采光天窗，自然光利用率达10%以上，有效减少了整体空间能源消耗，提高了地下空间开放度，并降低了地下空间的隔阂感。中心通道部分仅在自然光照情况下可满足照明需求，同时配置暖色调人工照明辅助照明，空间整体灯光及环境色彩温馨且富有温度(图 6.48—图 6.51)。

图 6.48　上海五角场地下空间灯光布置

图 6.49　地下商业街采光天窗

图 6.50　公共艺术活动

图 6.51　地下商业街日常氛围与人流

光影　色彩

肌理　风貌

五角场区域商业空间整体视觉舒适度等级为 4 级(较舒适),太平洋森活天地、合生汇地下商场等区域可达 5 级(舒适)。商业空间内部有效整合不同材质纹理、色彩,结合不同设计风格,提升了空间吸引力及商业价值(图 6.52)。

图 6.52　上海五角场商业街内景

图 6.53 所示为上海五角场下沉广场景观，图 6.54 所示为上海五角场地下空间出入口。

图 6.53　上海五角场下沉广场景观

图 6.54　上海五角场地下空间出入口

上海五角场地下空间交通空间品质特质

尺度　　形态

色彩　　比例

五角场区域地铁站通道宽高比接近 1.5∶1，空间尺度较为适宜。空间整体色彩以绿色为主，在压抑低沉的地下空间可给予人自然、生机的感受，减轻视觉疲劳，安定人在地下空间中的焦虑不安等不良情绪（图 6.55—图 6.56）。

图 6.55　五角场区域地铁站空间色彩

图 6.56　五角场区域地铁站站厅层与站台层色彩

通达 通畅

接驳 网络

上海地铁10号线横穿五角场区域江湾体育场站和五角场站，其周边5条主干线配有5个公交车站点，同时万达广场、百联又一城等地下空间均配置地下停车场。五角场区域整体公共交通便利，外部连通可达性强，区域内停车位规划配置良好，已形成地上地下快速接驳网络（图6.57—图6.59）。

图6.57　地下通廊

图6.58　地面集散广场

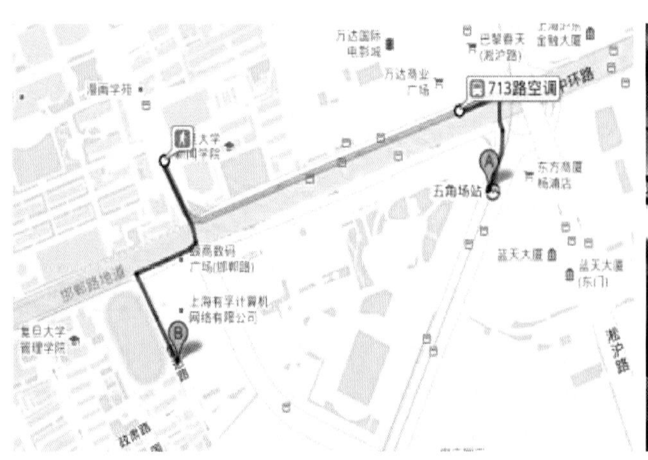

图6.59　五角场区域与各类交通接驳

导向　标识
无障　顺畅

五角场区域交通空间导向标识统一且信息简单明确，其交通空间内标识间距为 30～40 m，具有良好的连续性；同时各区域出入口配置相应自动扶梯，并至少配置 1 部升降电梯，能有效满足各类人群高效通行需求(图 6.60—图 6.62)。

图 6.60　地铁车站出入口实景

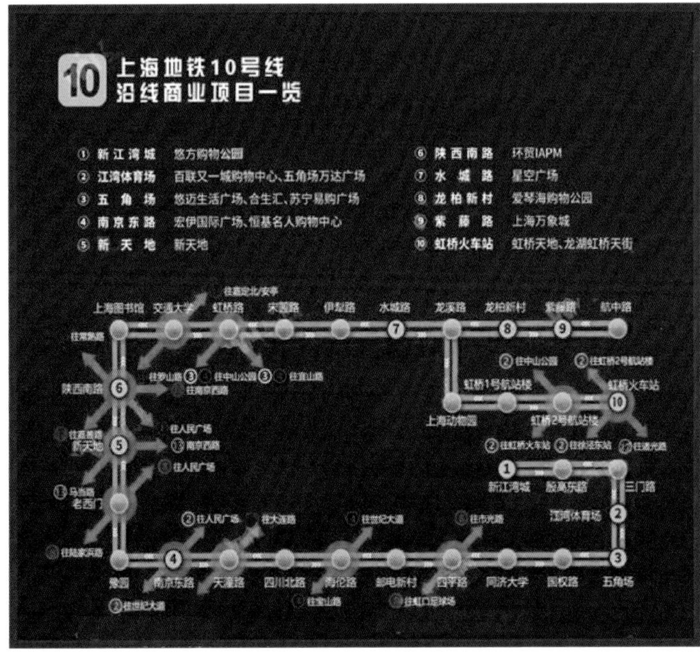

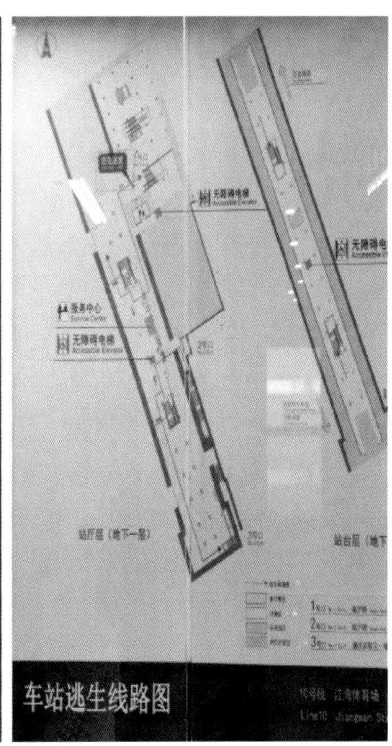

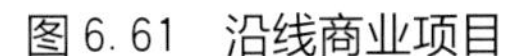
图 6.61　沿线商业项目

图 6.62　车站逃生线路图

6.3 武汉轨道交通 7 号线徐家棚站

1. 项目概况

徐家棚站为武汉市轨道交通 7 号线一期工程第 9 座车站。车站设于武汉市武昌区，秦园路与和平大道交叉路口东侧，沿秦园路设置。秦园路规划红线宽 40 m，和平大道规划红线宽 30 m。车站周边覆盖有惠誉花园、滨江城市花园、环卫局徐家棚所、武汉光明电力工程有限责任公司、中行徐家棚分理处、秦园社区。该站与轨道交通 5 号线、8 号线换乘。沿秦园路布置三阳路过江公路隧道，7 号线线路位于三阳路过江公路隧道下方，为公铁合建。图 6.63—图 6.67 所示分别为徐家棚站站台层和站厅层。

图 6.63　徐家棚站站台层效果(一)

图 6.64　徐家棚站站台层效果(二)

图 6.65　徐家棚站站台层

图 6.66　徐家棚站站厅层效果

图 6.67 徐家棚站站厅层

2. 品质评价

徐家棚站品质评价得分见表 6.8。

表 6.8 徐家棚站品质评价得分

工程项目名称	武汉轨道交通 7 号线徐家棚站				
总得分	219/318				
一级指标汇总					
名称	总分	得分	权重	评分	比值
安全度	81	39	1	39	0.48
舒适度	97	51	1	51	0.53
便捷性	86	60	1	60	0.70
可持续	54	16	1	15	0.30
合计	318	166	1	166	0.52

3. 品质构成

徐家棚站品质评价各级指标与高得分指标见表 6.9。

表 6.9 徐家棚站品质评价各级指标与高得分指标

一级指标	二级指标	三级指标项	
安全度	场地及结构体系安全度	工程地质及水文地质条件	
		周边环境安全	
		结构设施安全	
	空间布局与疏散体系安全度	疏散能力	★
		防灾空间布局	
		疏散组织	
	设备设施及防灾体系安全度	监测与监控	★
		功能全面性	
		空间覆盖度	★
	救援及应急保障体系安全度	救援通道	
		设施保障	
		保障预案	
舒适度	空间形态舒适度	空间尺度	★
		空间丰富性	
		空间开放度	
	生理环境舒适度	声环境舒适度	
		光环境舒适度	★
		热湿环境及空气质量	★
	功能服务舒适度	功能丰富性	
		设施服务性	
		服务效率	
	审美体验舒适度	景观标志性	
		环境艺术性	★
		文化特色性	

（续表）

一级指标	二级指标	三级指标项	
便捷性	外部连通可达性	外部连通设计	★
		出入口设计	★
		公共交通接驳	
	内部连通可达性	内部可达性	
		连通协调性	★
		连通路径设计	
	连通体系可达性	连通方式	
		通道尺度	
		设施设备	★
	组织管理便利性	导向标识	★
		瓶颈管理	
		智慧化辅助设施	
可持续	环境可持续	生态保护	
		特殊风貌	
		空间协调	
	资源可持续	可再生能源利用	
		节水及再利用	
		节材及循环利用	
	发展可持续	规模可持续性	
		经济可持续性	
		设施设备可更新性	
	智能化及系统化控制	环境及能源智能控制	
		常用设备利用效率	
		全寿命一体化控制	

4. 品质特质

徐家棚站主要品质特质如图 6.68 所示。

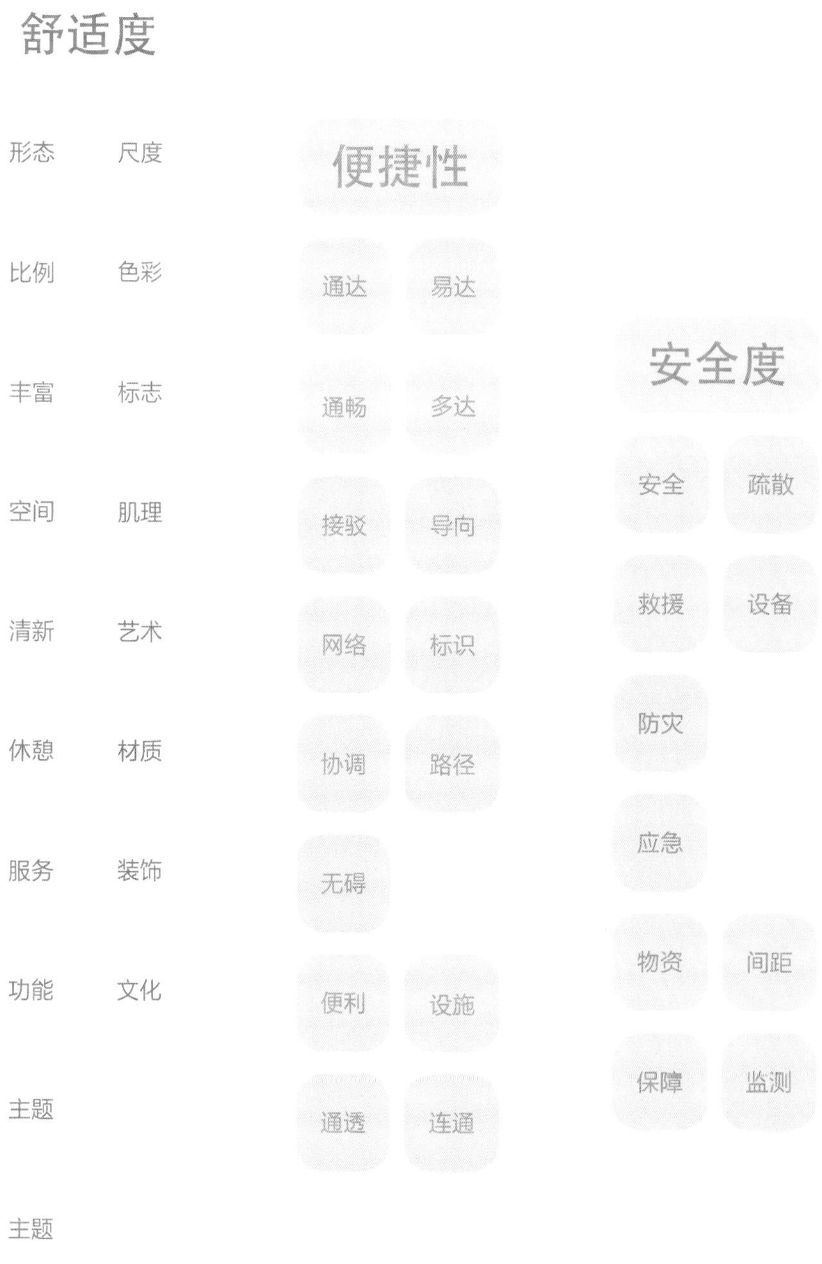

舒适度

形态 尺度
比例 色彩
丰富 标志
空间 肌理
清新 艺术
休憩 材质
服务 装饰
功能 文化
主题
主题

便捷性

通达 易达
通畅 多达
接驳 导向
网络 标识
协调 路径
无碍
便利 设施
通透 连通

安全度

安全 疏散
救援 设备
防灾
应急
物资 间距
保障 监测

图 6.68　徐家棚站主要品质特质

贯穿　连通

融合　接口

车站地下一层公共区通过站内物业开发区通道与综合楼地下二层相连，同时配套综合楼内部也设置有楼扶梯供乘客进出站（图 6.69—图 6.72）。

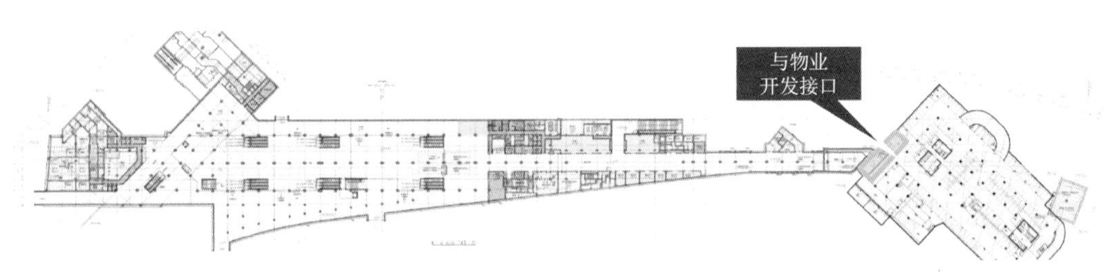

图 6.69　地下一层（站厅层）平面图

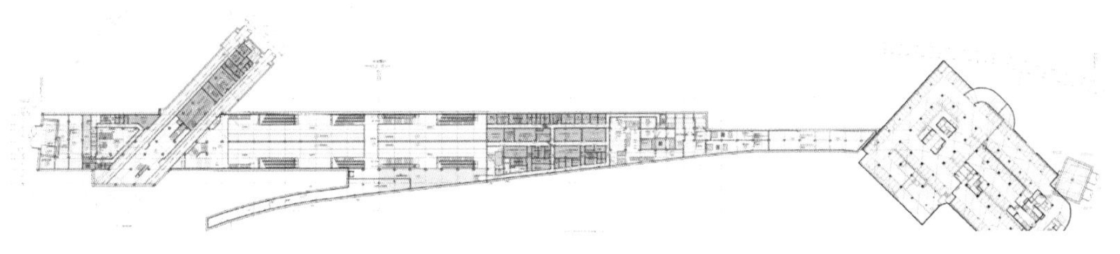

图 6.70　地下二层（设备层）平面图

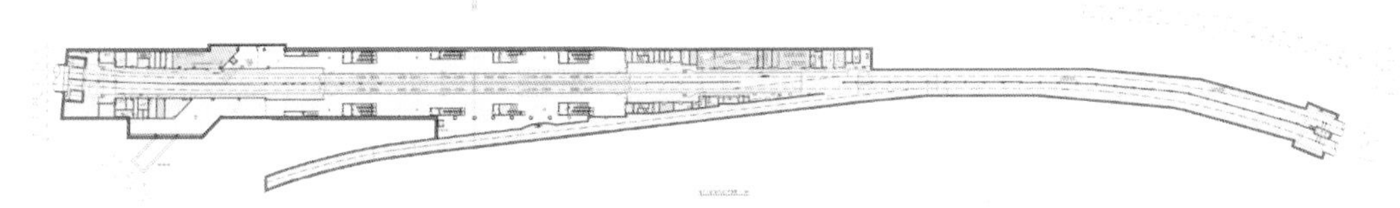

图 6.71　地下三层（站台层）平面图

图 6.72　徐家棚站剖视效果图

徐家棚站（图 6.74）为地下三层侧式车站。地下一层由站厅公共区、设备及管理用房和物业开发区组成；地下二层为设备层，布置有大量的管理及设备用房；地下三层为站台层，两侧站台宽度各 10 m，站台两端为设备用房区。

车站中部位于上盖物业（图 6.73）的正下方，大里程端明挖区间斜穿 K9 地块配套综合楼，福星惠誉水岸国际位于车站正北方。车站外轮廓距离上盖物业开发地下室 5 m，距离福星惠誉地下室 5.6 m。

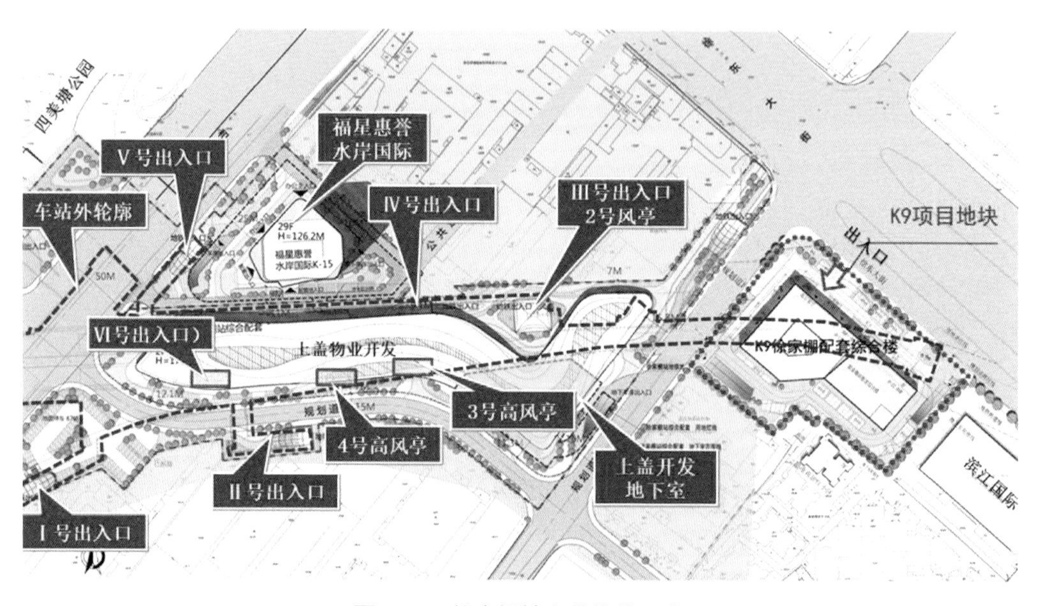

图 6.73　徐家棚站上盖物业开发

图 6.74　徐家棚站换乘大厅效果

材质　肌理

色彩　装饰

地铁车站内空间环境的整体形象是材料、结构和空间共同呈现的一种综合性艺术形象。应用富含地域文化特性的材料围合成的室内空间环境，具有满足使用功能、审美需求和文化底蕴的三重功能，是体现地域文化效果的重要因素，也是设计的一大切入点。

色彩是依附地铁建筑而存在的，它给人非常鲜明而直观的视觉印象，同时它又是建筑空间中最直接有效的表达手段，它使建筑空间的表达具有广泛性和灵活性。充分利用色彩的物理性能及色彩对人生理、心理的影响，可在一定程度上改变空间尺度、比例、分隔、渗透，改善空间效果。色彩的应用为地铁建筑提供了创造个性的可能性，为建筑增添了生机和活力，使地铁建筑的空间丰富而生动起来（图 6.75—图 6.76）。

图 6.75　徐家棚站站内装修

图 6.76　徐家棚站站厅层

丰富　空间

艺术　文化

壁画作为地铁艺术的主体，设计关乎整个地铁空间乃至城市的面貌，因此，地铁壁画的设计需要精心考量和审慎判断。地铁壁画的位置通常位于站台对面的较长墙面，也包括天花部位(图 6.77、图 6.78)。

壁画处于一个大的公共空间环境中，并在空间环境中发挥着一定的功能和作用，壁画不仅是公共艺术的局部组成部分，而且是对现代空间环境艺术的延伸和拓展。对于壁画来说，地铁公共空间对其既存在一种依托关系，又有制约作用，两者相互适应。

图 6.79 所示为徐家棚站站厅层艺术陈设。

图 6.77　徐家棚站站厅层装修壁画(一)

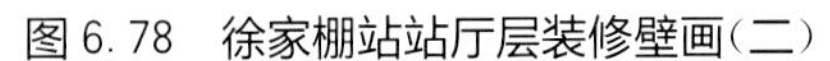

图 6.78　徐家棚站站厅层装修壁画(二)

图 6.79　徐家棚站站厅层艺术陈设

休憩　服务

功能　清新

徐家棚站内公共服务设施及商业服务设施齐全，增加了公共空间多样性（图 6.80—图 6.82）。公共服务设施占比 50%，商业服务设施占比 50%。经测量，站内空气 $PM_{2.5}$ 为 0.072 $\mu g/m^3$（图 6.83），空气质量指标良好，乘客呼吸舒畅。

地下空间的服务设施应体现两种不同的意义：一方面是它的实际功能与意义，另一方面，它又作为一种复合存在，反映特定的历史和文化、地域特征和独特的个性，反映时代的特点和风格。服务设施的设计要遵循合理性、功能性、文化性、人性化等原则。

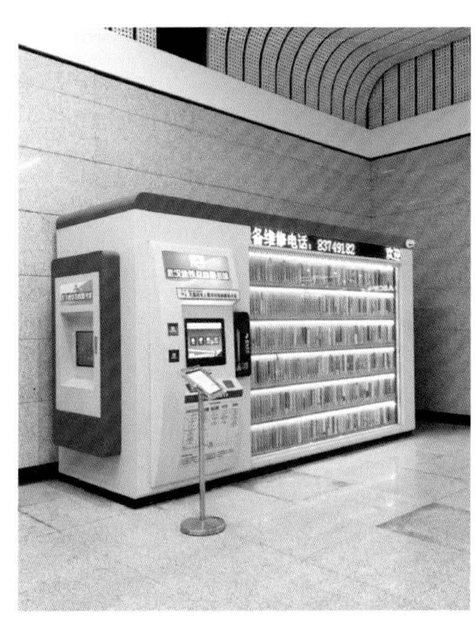

图 6.80　站内自助图书馆

图 6.81　站内自动售货机

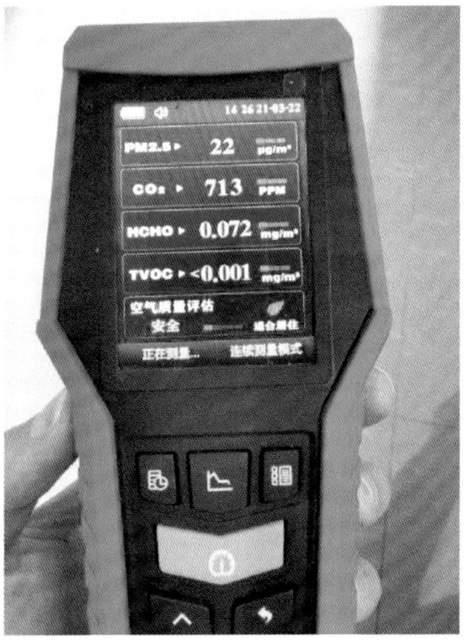

图 6.82　车站配套设施

图 6.83　空气质量测量

疏散 安全
标识 监测

徐家棚站内乘客全部疏散的时间在 4.6 min 左右，小于 5 min，有良好的疏散能力。非高峰时期，站内客流较少，处于自由状态，疏散门宽几乎与通道同宽，初步预计当前疏散将处于自由状态。

每个转角、出入口、进出站闸机、站台都设有多个监控，不存在监控死角。疏散标识多点设置，经多点测量，两点间距为 10～12 m，导向标识间距满足相关规范要求，间距合理，各节点处均设有标识牌。如图 6.84—图 6.87 所示。

图 6.84　换乘通道

图 6.85　监控设备

图 6.86　换乘大厅

图 6.87　换乘传送带

接驳　通达

连接　尺度

车站设计为地下四层15 m双柱岛式车站，车站总长217.3 m，标准段宽24.9 m。车站共设7个出入口(其中Ⅱ号出入口预留)，8个紧急疏散口，共设2组风亭。

7号线徐家棚站周边共有3个公交车站(图6.88)，分别为和平大道惠誉花园站、和平大道徐家棚站、秦园路惠誉花园站，交通接驳方式丰富，可达性好。

主通道宽6.5～7 m，满足《建筑防火设计规范》中疏散宽度的计算值，且出入口或连通道间距离均小于50 m。各出入口及主要通道无临时阻断，视线较通透。各出入口日常无拥堵情况，人流分布较均匀，靠近公交站点的BW出入口人流较多，其余出入口相对人流较少(图6.89—图6.91)。

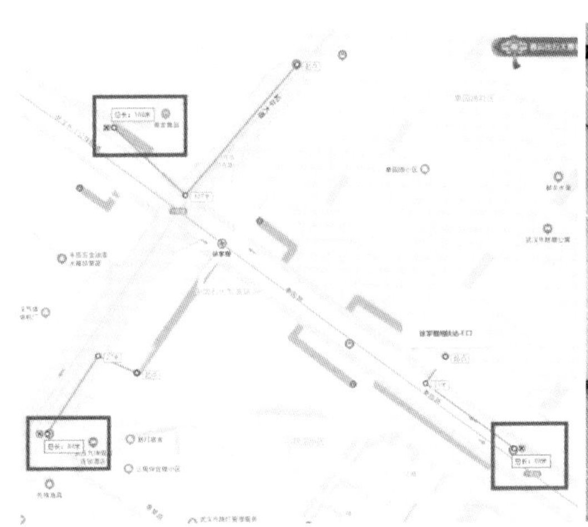

图6.88　公交站点分布

图6.89　徐家棚站FW出入口

图6.90　换乘指示标牌

图6.91　出入口楼扶梯组

6.4 湖南贺龙体育馆·城市生活广场

1. 项目概况

湖南贺龙体育馆·城市生活广场为长沙首个与地铁衔接的大型地下商业项目(图6.92—图6.94)。项目位于湖南省长沙市劳动西路贺龙体育馆前广场,周边均为体育文化、商业、居住等建筑,东侧为田汉大剧院,北侧为贺龙体育馆,西侧为泰古实业发展公司,南侧为五矿有色公司、湖南省林业厅招待所等。

本项目是长沙市轨道交通车站TOD开发的典型案例,以地铁建设为契机,结合城市综合提质改造,因地制宜,打造了极富特色的地下空间,有效提升了贺龙体育馆周边的城市品质,解决了商业缺乏、停车配套不足、环境景观差等问题。

图6.92 城市生活广场鸟瞰效果

图 6.93　城市生活广场活力气氛

图 6.94　城市生活广场下沉广场

2. 品质评价

城市生活广场品质评价得分见表 6.10。

表 6.10　城市生活广场品质评价得分

工程项目名称	湖南贺龙体育馆・城市生活广场				
总得分	219/318				
一级指标汇总					
名称	总分	得分	权重	评分	比值
安全度	81	37	1	37	0.46
舒适度	97	64	1	64	0.66
便捷性	86	81	1	81	0.94
可持续	54	27	1	27	0.50
合计	318	209	1	209	0.66

3. 品质构成

城市生活广场品质评价各级指标与高得分指标见表 6.11。

表 6.11　城市生活广场品质评价各级指标与高得分指标

一级指标	二级指标	三级指标项	
安全度	场地及结构体系安全度	工程地质及水文地质条件	
		周边环境安全	
		结构设施安全	
	空间布局与疏散体系安全度	疏散能力	★
		防灾空间布局	
		疏散组织	
	设备设施及防灾体系安全度	监测与监控	★
		功能全面性	
		空间覆盖度	★
	救援及应急保障体系安全度	救援通道	
		设施保障	
		保障预案	
舒适度	空间形态舒适度	空间尺度	
		空间丰富性	★
		空间开放度	
	生理环境舒适度	声环境舒适度	
		光环境舒适度	★
		热湿环境及空气质量	★
	功能服务舒适度	功能丰富性	
		设施服务性	
		服务效率	
	审美体验舒适度	景观标志性	
		环境艺术性	★
		文化特色性	

（续表）

一级指标	二级指标	三级指标项	
便捷性	外部连通可达性	外部连通设计	★
		出入口设计	★
		公共交通接驳	
	内部连通可达性	内部可达性	
		连通协调性	★
		连通路径设计	
	连通体系可达性	连通方式	★
		通道尺度	
		设施设备	★
	组织管理便利性	导向标识	★
		瓶颈管理	
		智慧化辅助设施	
可持续	环境可持续	生态保护	
		特殊风貌	
		空间协调	
	资源可持续	可再生能源利用	
		节水及再利用	
		节材及循环利用	
	发展可持续	规模可持续性	
		经济可持续性	
		设施设备可更新性	
	智能化及系统化控制	环境及能源智能控制	
		常用设备利用效率	
		全寿命一体化控制	

4. 品质特质

城市生活广场主要品质特质如图 6.95 所示。

舒适度

形态 尺度
光影 比例
色彩 丰富
开放 肌理
静谧 艺术
光亮
宜人
文化

便捷性

通达 易达
通畅 多达
接驳 导向
网络 标识
协调 智慧
路径 无障
高效 便利
通透 连通

可持续

协调 运维
循环 节约

安全度

安全 疏散
救援 设备
防灾 预案
应急
救援 间距
保障 监测

图 6.95　城市生活广场主要品质特质

地下空间疏散流线简单，疏散出口双侧设置，且较密集，间距均在60 m以内，参考其他同类项目经验，人群疏散速度取1.0 m/s，疏散时间在1 min左右。如图6.96所示。

商场通道连贯，主要走廊宽6 m，商业主要连接出入口共6处，地铁商业合用出入口共2处，疏散楼梯共6处。监控布置合理，拐角处都有设置。防灾设施(消防)基本各处都能看到，预计覆盖率90%。

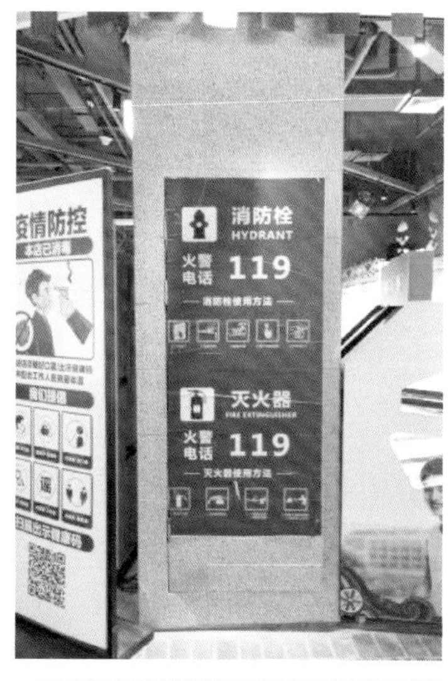

图6.96　城市生活广场消防疏散图、消防设施和疏散通道

适当地利用辅助照明增强空间的层次性，对人的视觉辨向和定位进行辅助补充，空间的导向性效果会更好。

丰富　色彩

光亮　光影

光照的明暗变化能直观地被人感受到，改变视觉焦点，引导人视线的转移。灯光的明暗变化调整，可以作为加强地下空间环境导向性的一种很好的手段。另外，明亮的光照容易聚集人流，形成主要的活动空间。可以根据人的趋光心理，通过调整灯光的明暗和色温来划分空间，区分主次空间的照明效果，合理地调整行人的聚集区域和逗留时间，将人的趋光心理作为隐形的引导元素应用在地下空间照明中(图 6.97、图 6.98)。

图 6.97　地面景观光影

图 6.98　地下商业景观

静谧　温润

开放　宜人

城市地下空间的共享空间应迎合人们的心理需求，吸引人们的脚步。地下商场应当营造良好的购物环境，从而吸引顾客；地下文化建筑应当营造良好的文化气息，消除地下空间封闭、阴冷的感觉，使进入者获得精神上的享受；交通建筑应当安全方便、流畅快捷。

地下建筑室内设计应特别考虑听觉、嗅觉、触觉方面的舒适度，通过设置背景音乐，利用采暖、通风、制冷、除湿等设备来解决机械噪声大以及寒冷、潮湿、通风差、空气质量差等问题(图 6.99)。

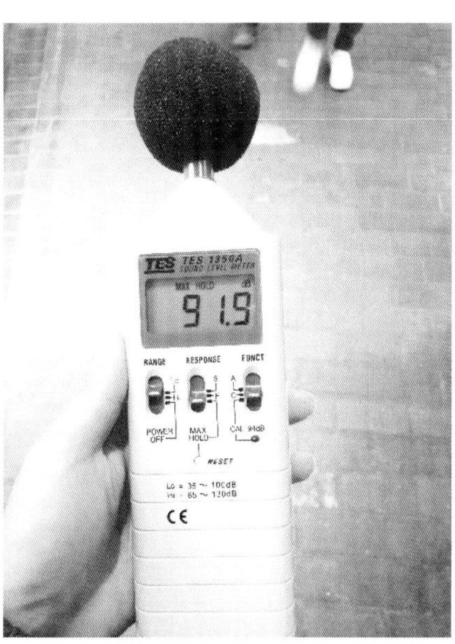

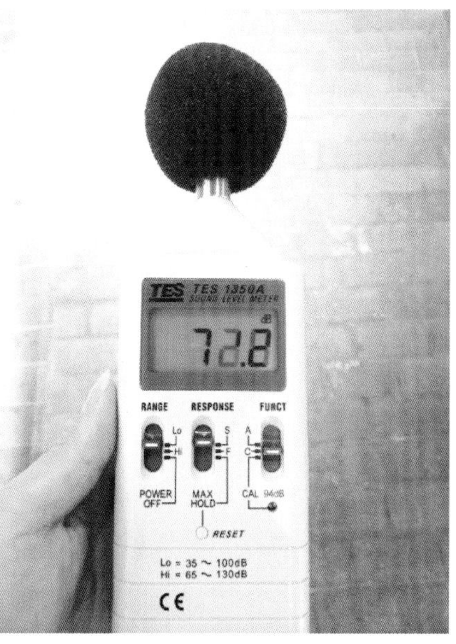

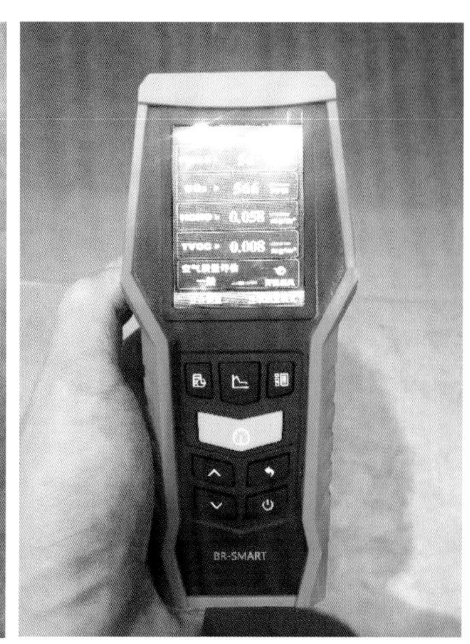

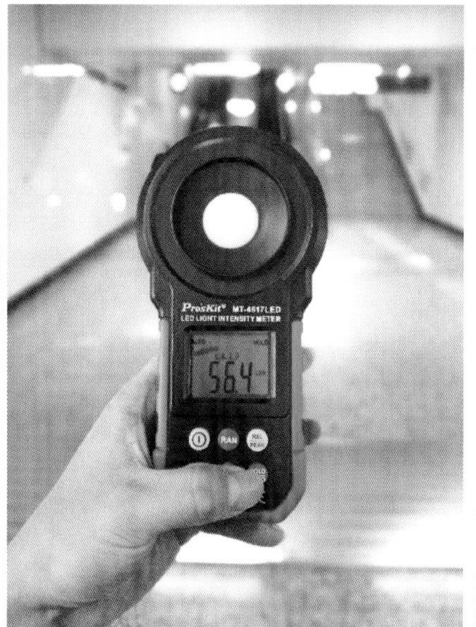

图 6.99　地下空间光照度、噪声、空气质量、温湿度测量

功能　商业

服务　设施

城市生活广场致力于打造成“80 后、90 后”时尚青年交友聚会的生活客厅。定位于食色空间、潮货天地、创意集市、生活驿站。地下商业设施多以商业街的形式呈现，优雅的环境以及商业设施的艺术性可以为地下商业提供一个良好的环境。宽敞的街道、清晰的指示系统、适度的节点设计是首要条件。醒目的商店招牌、漂亮的店面和橱窗、丰富的商品是重要条件。此外，足够的休憩活动空间、优美温馨的休息场所也是必不可少的(图 6.100、图 6.101)。

图 6.100　地下商业空间与娱乐设施

图 6.101　地下空间公共活动与艺术表演

便利　畅通

通达　无碍

城市生活广场接入地铁换乘及道路等各交通系统较为便利，商场人行系统、无障碍系统均能接入既有道路及地铁公共区。各出入口宽度符合规范和通行需求，日常无拥堵情况，人流分布较均匀。如图 6.102—图 6.105 所示。

商场地面八大出入口方便周边人流进入商场并搭乘地铁出行。商场周边共设 2 个公交车站，距 1 号出入口 50 m，距 4 号出入口 10 m，连通地铁 1 号线与 3 号线换乘。沿线其他出入口接驳公交交通在可接受范围内。

图 6.102　自助图书馆与售检票机

图 6.103　地面与地下垂直交通核

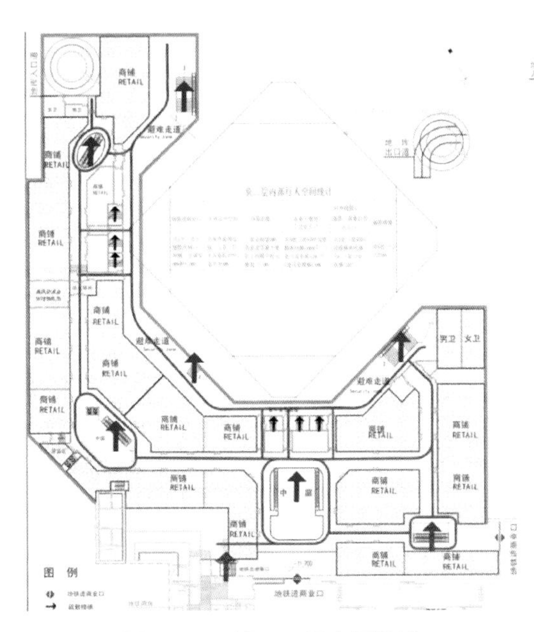

图 6.104　地下二层人行流线

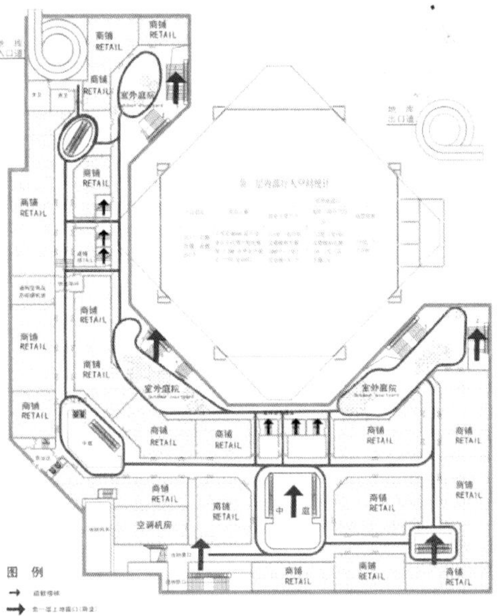

图 6.105　地下一层人行流线

标志　导向

艺术　文化

现代地铁车站作为城市要素而存在，不仅仅是作为交通功能的载体，更是融合了文化、艺术、科技的多元综合体，集换乘、商业、娱乐等城市功能于一身。

人在地铁车站中由于不熟悉路线而对标识系统的引导性和识别性提出更高要求。地铁导向标识系统作为引导人们的信息导视系统，必须充分发挥交通设施效能，向各类乘客提供足够准确清晰的乘车信息，使人们生活在交通便捷的环境中(图 6.106)。

图 6.106　地下空间内文化景观小品、商业设施与导向标识

路径 连通

尺度 通透

商场地面八大出入口连通周边酒店、写字楼、学校、中高档住宅，距离均不超过 150 m(图 6.107)。商场负二层主要对上层出入口共 6 处，商场负一层主要对上层出入口共 4 处，通过设置电扶梯及垂直电梯，大量减少了通行时间。在单一路径通道内，临时阻断数量极少，整体呈现通透的感觉(图 6.108、图 6.109)。

图 6.107　地铁车站出入口与周边商业、写字楼、学校、住宅位置关系

图 6.108　地下空间连接通道

图 6.109　商场电扶梯

在现代城市中，下沉广场在解决地上地下空间的过渡问题、交通矛盾以及不同交通形式的转换上有着明显的优势，因此被广泛应用。

下沉广场作为开放空间，在城市中不是孤立存在的，它与城市的其他空间形成完整的体系，共同达到城市的空间系统目标和生态环境目标。下沉广场同城市广场一样要满足人们社会生活的多方面需要，在解决了复杂的交通组织和地上地下空间过渡的同时，也满足了人们休闲娱乐、商业服务的需要（图 6.110—图 6.113）。

图 6.110　下沉广场与配套商业

图 6.111　下沉庭院日景

图 6.112　城市生活广场生活情景

图 6.113　地下空间采光天窗

城市生活广场项目引入 BIM 三维建模技术，有效解决了各专业管线间“差、漏、碰、撞”等问题。通过运用 BIM 技术，在层高只有 5.25 m 并确保检修维护要求的前提下仍实现了商业区域最低处净高不低于 3.60 m的空间要求。BIM 技术的运用，为在有限的空间内合理排布管线、最大限度地提高净空高度创造了条件(图 6.114)。

通风空调风系统、水系统均设置了节能控制系统。该系统应用自动控制技术、变频调速技术、系统集成技术等，对中央空调风、水系统的运行进行优化控制以提高空调系统能源利用效率，它以空调系统综合能效最优作为控制目标，对制冷设备及末端进行节能控制(图 6.115—图 6.117)。

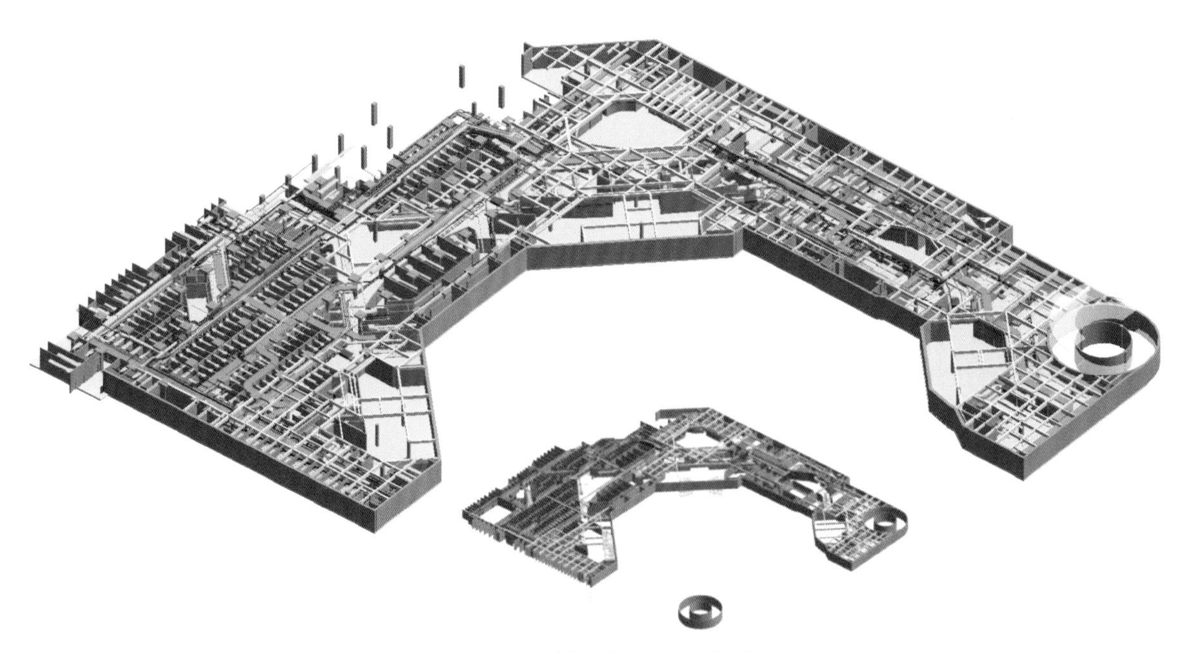

图 6.114　地下空间 BIM 模型

图 6.115　风、水系统节能控制系统

图 6.116　真空泵站加气浮隔油提升装置

图 6.117　空调系统终端

6.5 武汉匠心汇地下商业街

1. 项目概况

匠心汇·徐东大街是华中地区现阶段规模最大、最长的地铁地下商业街(图 6.118、图 6.119),直接对接群星城、销品茂、新世界百货等商场。匠心汇·徐东大街串起了地铁 8 号线的徐东站与汪家墩站,全长 735 m,设出入口 10 个和 1 个联络通道,建筑面积 10 000 m^2。匠心汇·徐东大街装修风格以时光为主题,划分为 3 个主题街区——怀旧、现代和未来,招商业态丰富多样,涵盖特色西点、网红小吃、精致餐饮、连锁饮品、便利店、海淘直营店、精品零售店等,共有 70 余间商铺。

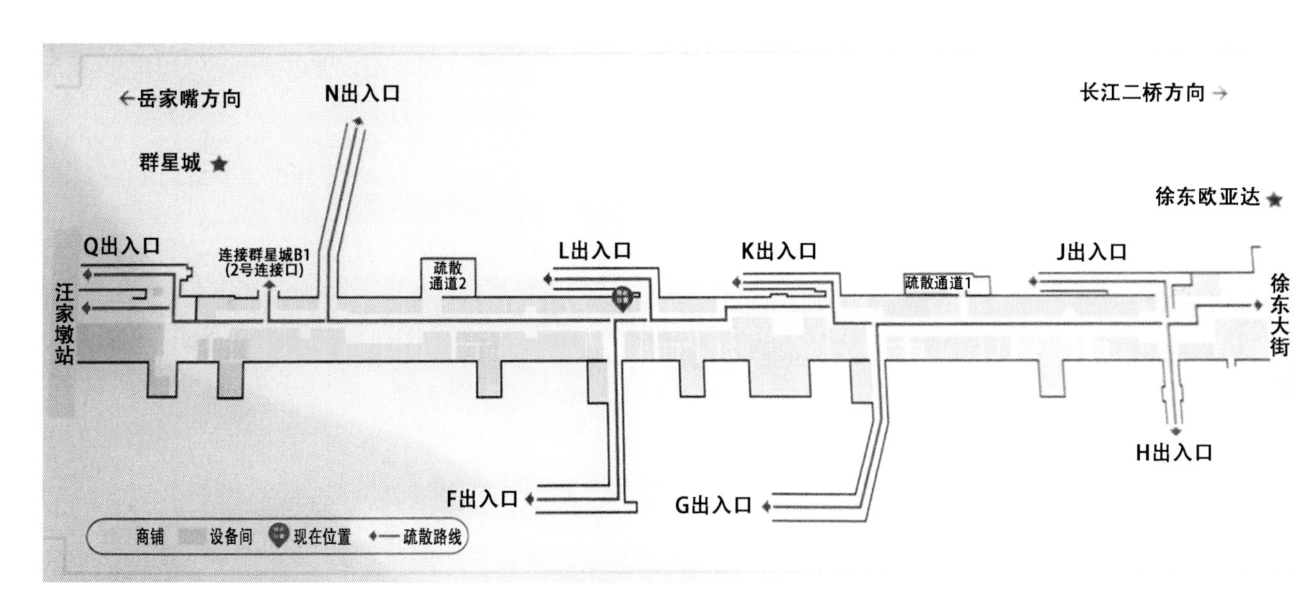

图 6.118 匠心汇地下商业街平面图

图 6.119　匠心汇地下商业街通道

2. 品质评价

匠心汇地下商业街品质评价得分见表 6.12。

表 6.12　匠心汇地下商业街品质评价得分

工程项目名称	匠心汇·徐东大街地下商业街				
总得分	219/318				
一级指标汇总					
名称	总分	得分	权重	评分	比值
安全度	81	36	1	36	0.44
舒适度	97	53	1	53	0.55
便捷性	86	70	1	70	0.81
可持续	54	15	1	15	0.28
合计	318	174	1	174	0.55

3. 品质构成

匠心汇地下商业街品质评价各级指标与高得分指标见表 6.13。

表 6.13　匠心汇地下商业街品质评价各级指标与高得分指标

一级指标	二级指标	三级指标项	
安全度	场地及结构体系安全度	工程地质及水文地质条件	
		周边环境安全	
		结构设施安全	
	空间布局与疏散体系安全度	疏散能力	★
		防灾空间布局	
		疏散组织	
	设备设施及防灾体系安全度	监测与监控	
		功能全面性	
		空间覆盖度	
	救援及应急保障体系安全度	救援通道	
		设施保障	
		保障预案	
舒适度	空间形态舒适度	空间尺度	★
		空间丰富性	
		空间开放度	
	生理环境舒适度	声环境舒适度	
		光环境舒适度	
		热湿环境及空气质量	
	功能服务舒适度	功能丰富性	
		设施服务性	
		服务效率	
	审美体验舒适度	景观标志性	
		环境艺术性	
		文化特色性	

（续表）

一级指标	二级指标	三级指标项	
便捷性	外部连通可达性	外部连通设计	★
		出入口设计	★
		公共交通接驳	★
	内部连通可达性	内部可达性	★
		连通协调性	★
		连通路径设计	★
	连通体系可达性	连通方式	★
		通道尺度	
		设施设备	
	组织管理便利性	导向标识	★
		瓶颈管理	
		智慧化辅助设施	
可持续	环境可持续	生态保护	
		特殊风貌	
		空间协调	
	资源可持续	可再生能源利用	
		节水及再利用	
		节材及循环利用	
	发展可持续	规模可持续性	
		经济可持续性	
		设施设备可更新性	
	智能化及系统化控制	环境及能源智能控制	
		常用设备利用效率	
		全寿命一体化控制	

4. 品质特质

匠心汇地下商业街主要品质特质如图 6.120 所示。

图 6.120　匠心汇地下商业街主要品质特质

形态　艺术　色彩　肌理

色彩的运用能够影响整个室内环境的吸引力及可接受程度。运用色彩创造出一个温暖、宽敞的室内环境是地下空间设计的关键点。地下建筑的室内环境宜以暖色调为主，以带给人们一种温暖干燥的心理感受，帮助抵消地下环境中寒冷、潮湿的感觉。

在地下空间中运用雕塑、工艺品、图画能提供视觉上的吸引点，也可以结合具有质感、动感、声音以及自然材料或是象征性元素的设计，以及当地环境的人文因素，共同融入地下空间环境之中（图 6.121）。

图 6.121　匠心汇地下商业街连接通道色彩与陈设

标志　连通
文化　主题

匠心汇·徐东大街以时光为主题，划分为3个主题街区——怀旧、现代和未来。现代街区用原木色线条构成天顶，营造出春意盎然的景象；怀旧街区采用"蓝天白云"穹顶设计；未来街区内灯光交织在宇宙巨图上，营造出穿梭时空般的立体空间感。每个主题均设有一个标志性节点，各节点距离约200 m，节点可达性合理(图6.122)。

图6.122　匠心汇地下商业街文化主题景观

丰富　功能

光亮　通畅

在封闭的地下空间环境内创造宽敞的空间感需要有机地结合室内环境气氛，综合考虑室内设计的各要素，从色彩、光线、装饰图案等方面进行分析推敲，最终创造出丰富的地下空间室内环境。

色彩设计可以丰富人的视觉和心理感受，装饰图形与材料的运用能加强空间的质感，人工照明则可以使地下空间环境绚丽多彩。在进行室内人工照明设计时，应综合考虑照度、均匀度、色彩的适宜度以及具有视觉心理作用的光环境艺术等，从整体考虑确定光的基调及灯具的选择，争取创造出符合人视觉特点的光照环境（图 6.123）。

图 6.123　匠心汇地下商业街光照环境

疏散 安全 设施 监测

地下空间疏散流线简单，疏散出口双侧设置，且较密集，间距均在60 m以内，参考其他同类项目经验，当疏散速度为1.0 m/s时，疏散时间在1 min左右。

地下空间内客流处于自由状态，疏散门宽几乎与通道同宽，初步预计当前疏散将处于自由状态。监控布置合理，拐角处都有设置，覆盖全面，保障安全(图6.124)。

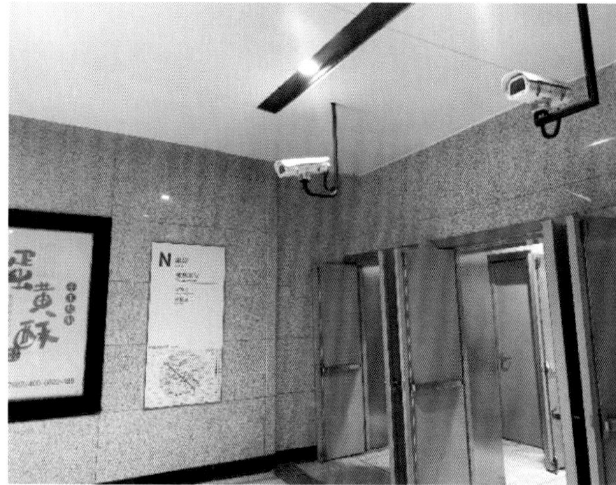

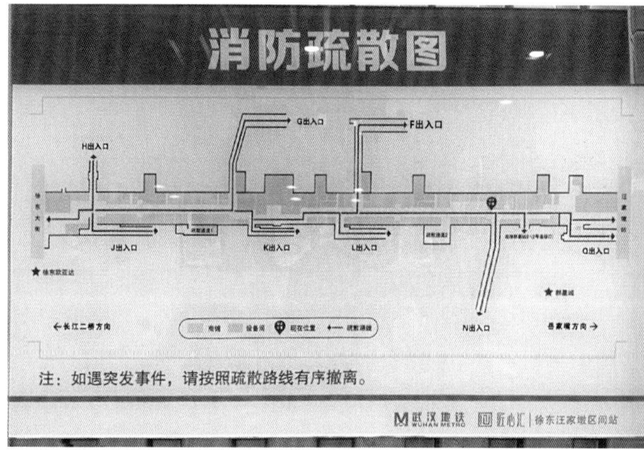

图6.124　匠心汇地下商业街监控设施与消防疏散图

无障碍设施是城市公共交通空间辅助设施的重要组成部分，应将无障碍需求纳入环境设计标准中。从设计思路上保证地铁空间运转顺畅，使残疾人易于到达目的地；从设计手段上保证这些场所按其使用性质提供从入口到目的地的无障碍通道及其必要设备，使残疾人可以同健全人一样自由进入，从室内到室外，都确保残疾人通行自由。

无障碍设计的设施基础可以通过建造来实现，保证无障碍设计细化与应用是所有设计的基础考虑因素。无障碍设计要与周边服务设施风格一致，考虑人性化设计的同时结合视觉景观以及心理因素考量，给人美的享受(图 6.125)。

图 6.125　地面与地下空间连接出入口

地下商业街共设置洗手间2处,配有各项服务设施,包括自动售卖机、雨伞租借设施、充电宝、图书租借设施,因疫情设置的临时隔离点等(图6.126)。

地下商业街道宽度要适中,既要宽敞舒适,也要考虑人们在街上时的视线范围和心理感受,需以装修的精度来进行地下商业街和商业设施的立面设计。设计良好的艺术环境和布置得当的店面,可以激发消费者的购物欲望。

地下商业街A出口可到达销品茂,设有连通道直接与销品茂地下商业连通,B出入口可到达欧亚达家居,C、H出入口可到达新世界百货,N、Q出入口可到达群星城,形成了网络化地下空间,可达性好(图6.127)。

图6.126 自助便利设施与商业设施

图6.127 商业街接驳通道

通透　通畅

光亮　功能

地下空间内部照明主要依靠人工照明，以满足视觉效能要求，增强车站的识别性。照明使人在有限的空间中感到空间扩大、明亮，又能给予人们心理上和艺术上的视觉感受。

在灯光的处理技法上，光的艺术就是利用灯光的表现力来美化空间环境。在利用人工照明为地铁内部提供良好照明的用时，应利用光色的协调，灯光的折射、反射，人工光的抑扬、隐显、动静，控制投光角度及范围，来建立光的构图、秩序、节奏等(图 6. 128)。

图 6. 128　匠心汇商业街装修效果

6.6 北京师范大学昌平校区中心地下区

1. 项目概况

北京师范大学昌平校区主要功能区围绕用地四周布置，以期在较小的用地内更为高效地使用土地。在校园中心区放置较大体量的地下建筑，在最大化挖掘用地潜力的同时，创造出极具特色及活力的校园中心(图 6.129)。

中心广场利用建筑下沉形成的竖向变化，创造出四个丰富有趣的入口空间。中心地下区总建筑面积 11 523 m²，主体地下 2 层，局部地下 3 层，总埋深约 20.3 m。地下建筑包含一个贯穿 3 层的、具有标志性的中庭空间，底层为校史图书展厅，向上逐步展开阅览、自习、交流、沙龙等各类活动空间，为师生打造了一个融庆典集会、课余活动、阅读展览等多种功能于一体的理想聚集地。

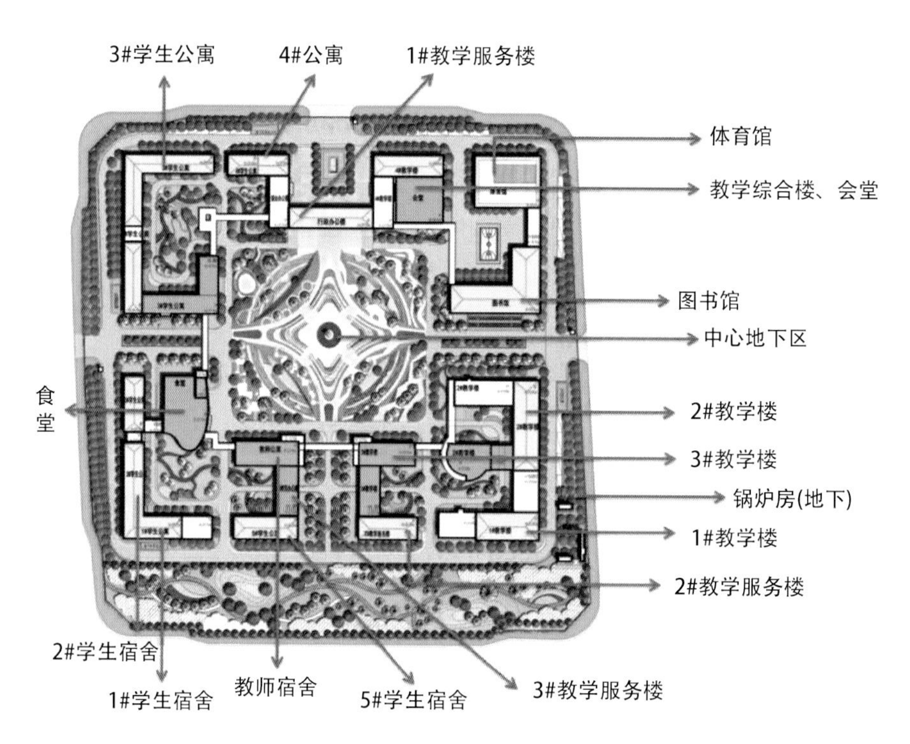

图 6.129　北京师范大学昌平校区总平面图

2. 品质构成

北京师范大学昌平校区中心地下区品质评价各级指标与高得分指标见表6.14。

表6.14 北京师范大学昌平校区中心地下区品质评价各级指标与高得分指标

一级指标	二级指标	三级指标项	
便捷性	外部连通可达性	外部连通设计	
		出入口设计	
		公共交通接驳	
	内部连通可达性	内部可达性	★
		连通协调性	★
		连通路径设计	
	连通体系可达性	连通方式	
		通道尺度	
		设施设备	
	组织管理便利性	导向标识	★
		瓶颈管理	
		智慧化辅助设施	
舒适度	空间形态舒适度	空间尺度	★
		空间丰富性	★
		空间开放度	
	生理环境舒适度	声环境舒适度	★
		光环境舒适度	★
		热湿环境及空气质量	★
	功能服务舒适度	功能丰富性	★
		设施服务性	
		服务效率	
	审美体验舒适度	景观标志性	
		环境艺术性	★
		文化特色性	

3. 品质特质

北京师范大学昌平校区主要品质特质如图 6.130 所示。

舒适度

形态 尺度
光影 比例
色彩 丰富
标志 开放
静谧
艺术
光亮
文化

便捷性

通达 易达
通畅 接驳
导向 标识
协调 智慧
路径 无碍
高效 便利
设施
连通

图 6.130 北京师范大学昌平校区主要品质特质

集约　复合

生态　健康

基于校园体育场地下运动空间的发展动因和空间特征，分析设计中的关键问题，制订校园体育场地下运动空间的设计原则，并据此提出切实可行的设计策略。如图 6.131—图 6.133 所示。

从校园体育场地下运动空间的空间特征与使用需求出发，结合实地调研我国校园体育场地下运动空间实践项目，将设计原则概括为以下三条：布局集约、立体复合；生态节约、健康舒适；流线畅通、安全防灾。

图 6.131　中心区地下空间室内中庭

图 6.132　地面景观

图 6.133　北京师范大学昌平校区整体鸟瞰

密度　协调

缓冲　功能

校园体育场地下运动空间由于处在用地密集的校园之中，面临着诸多场地问题：场地周边用地局促，没有大型体育馆可建用地及缓冲用地；场地周边功能复合，具有学生公寓、食堂、教学楼等多种功能，关系密切，体育场馆建设后可能对周边建筑采光、使用等造成影响。因此，应当运用多种策略协调校园环境，将体育场地下运动空间对周边环境的影响降到最低。如图 6.134—图 6.136 所示。

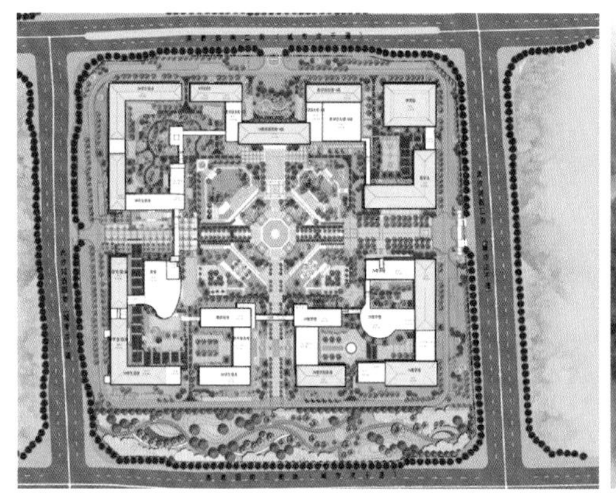

图 6.134　昌平校区地面景观设计

图 6.135　昌平校区鸟瞰效果

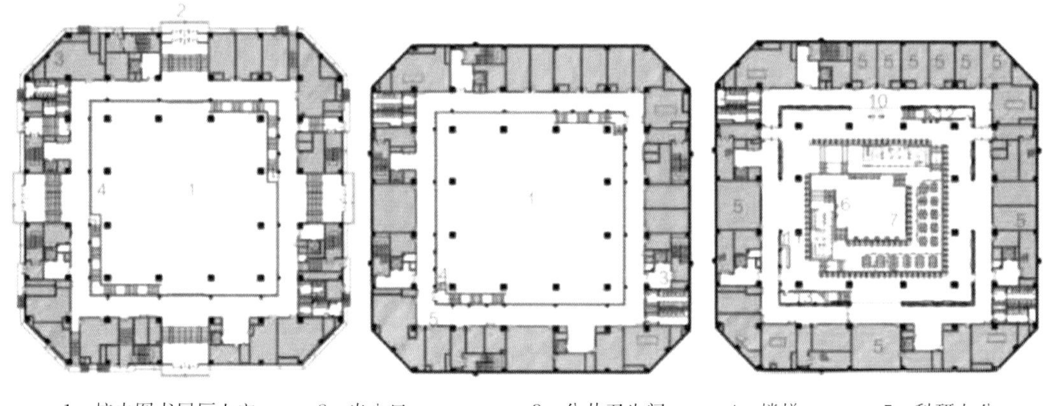

1—校史图书展厅上空　2—出入口　3—公共卫生间　4—楼梯　5—科研办公
6—影视宣传区　7—校史展品　8—交流区　9—自习区　10—服务台
11—水吧区　12—文印区　13—储存间

图 6.136　昌平校区中心地下区各层平面图

通常　多达

防灾　安全

地下大跨度空间需要投入使用，才能产生公共效益。地下大跨度空间在物质空间特性上的"可达性"主要体现在空间与周围环境的联系、空间内部的畅通以及使用者需求的满足上，强调进入自由与使用自由。

对于地下空间，由于其空间主体被岩土包围，地下空间的开放性主要是指空间与外部环境的联系性。由于地下空间常常给人封闭的观感，一个开放的具有视线汇集功能的地下大跨度空间往往能给人空间开阔的感受，引导人们使用，表现为空间层面的开放性(图 6.137)。

地下空间的活力，更多地体现在人员与空间的参与性上。空间的参与性涉及的层面较广，强调人的使用。在物质空间层面，空间的参与性主要表现在空间的功能复合、空间的安全和空间的活动潜力上(图 6.138)。

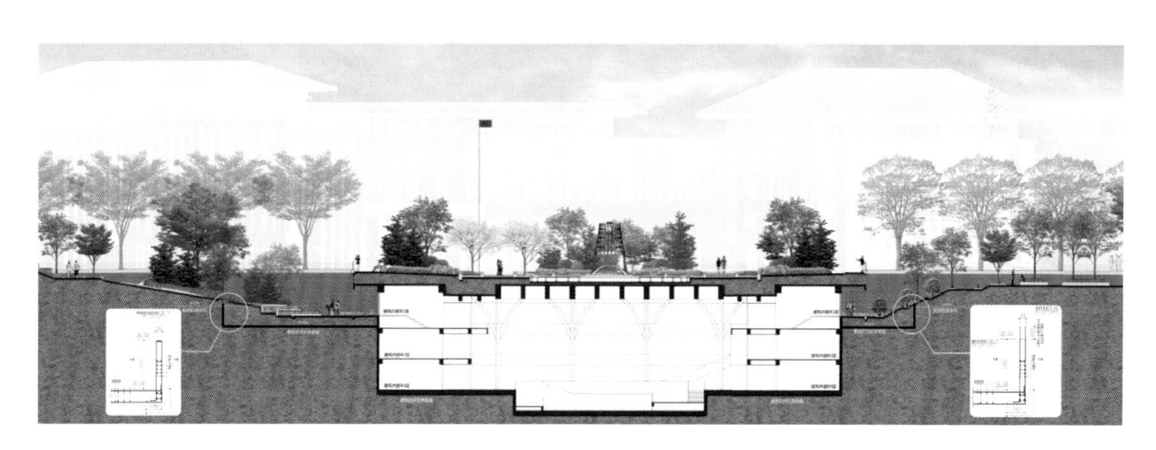

图 6.137　中心区景观东南—西北向剖面图

图 6.138　"坐"空间建设实景

趣味　　融合

光亮　　场所

地下公共空间的活动为停留型社会活动，参与性较强。休闲停留活动包括消费、休息、闲谈、观望等具有较强自发性的行为活动，具有一定的停驻性，能吸引使用者在一定时间内停驻于地下公共空间内。这些活动需要有一定的外界刺激才能产生，只有在空间环境适宜、场所布局良好并且具有足够的停驻空间与吸引力的空间才会发生。

地下公共空间的"特征性"突出易于让使用者看到和接近，并且其整体形态应富有特征性，色彩具有统一性，并且易于识别，要注重其各个界面空间的一致性和标识系统的突出性，其中特征性的大跨度形态本身就是其标志的一部分。

地下公共空间的"主题性"从顶界面、雕塑、装饰、壁画、光环境等入手，利用地域性元素作为主题，并且与地下空间的风格相协调，使人产生对地下空间的关联性认知，并且设置多个主题性地下空间节点加强人们对地下空间的记忆，吸引使用者进入(图 6.139)。

图 6.139　中心区地下空间室内中庭

第7章 城市地下空间品质评价平台及虚拟场景品质评价

本章依托构建的城市地下空间人为需求及相应感知品质指标体系，建立城市地下空间指标与设计动态联动优化机制，最终搭建城市地下空间品质感知数据库平台。

充分利用 VR 技术整合各类地下空间信息系统数据资源，将所有的数据进行收集整理，在统一的数据框架下实现对数据的挖掘和分析，最后通过可视化的手段进行数据展示。针对“雄安新区东西轴线地下空间示范工程”“南京南部新城中片区地下空间”“武汉光谷综合体地下空间”建立面向大众、学界、业主的品质评价虚拟场景，不断收集各方意见，修正完善系统及指标，加强社会应用及社会影响。

7.1 数据构建

体系 平台

模型 数据

(1) 构建城市地下空间人为需求及相应感知品质指标体系;
(2) 形成典型城市地下空间模式及特征模型;
(3) 建立城市地下空间指标与设计动态联动优化机制;
(4) 搭建城市地下空间品质感知数据库平台。

图 7.1 为典型地下空间(轨道交通站点)示意图。

图 7.1 典型地下空间(轨道交通站点)示意图

7.2 数据平台

图 7.2 为地下空间品质评价软件构架示意图。

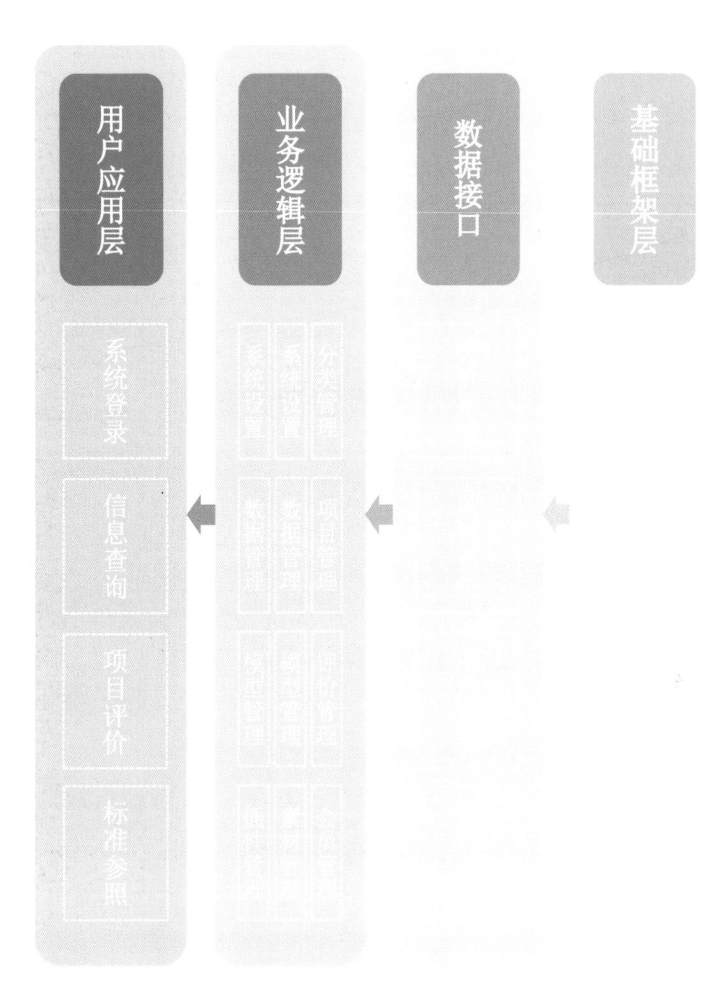

图 7.2　地下空间品质评价软件构架示意图

基于基础框架层的开发环境，在评价系统、项目系统、用户系统、管理系统之间构建数据接口，拓展各类业务管理逻辑层，最终呈现给用户系统登录、信息查询、项目评价、标准参照等四大功能模块。

提供《城市地下空间品质评价标准》作为评价依据：

(1) 用户能直接对既有项目进行评价，对于未录入的项目，用户也可以通过新建项目的方式，对其他项目进行评价；

(2) 对既有项目的综合评分实时显示；

(3) 对项目的初级检索分为热门项目与附近项目，用户可根据自身需求选择待评价的地下空间项目。

图 7.3 所示为地下空间品质评价软件用户界面。

图 7.3　地下空间品质评价软件用户界面

数据归集步骤如图 7.4 所示，注册用户经授权后可以对项目进行评分，系统根据设定的指标归类与算法模型，处理用户输入的评分数据，系统动态更新项目评分，并完成平台数据归档。评价数据可以通过外部接口导出。

框架　接口

逻辑　应用

如图 7.5 所示，包含既有项目 11 个，覆盖深圳、武汉、上海、长沙、苏州等城市。提供项目评分、安全指标评分、舒适指标评分、便捷指标评分、可持续指标评分等功能。

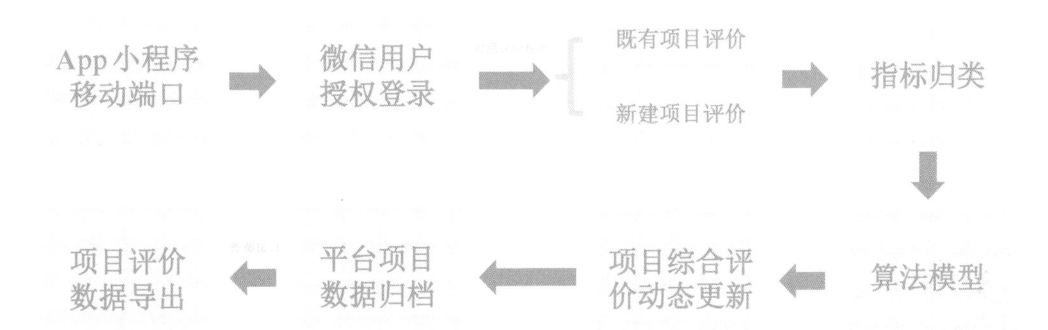

图 7.4　数据归集流程示意图

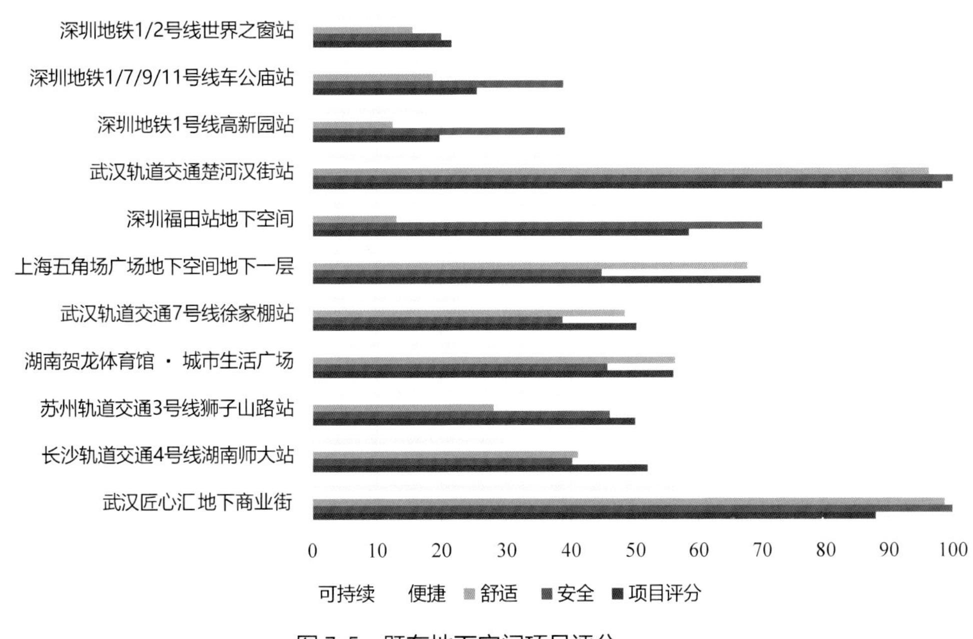

图 7.5　既有地下空间项目评分

7.3 数据归集与分析

评价指标评价子项分解图如图 7.6—图 7.9 所示。

安全度指标
100
场地地质构造及稳定性
防水能力
通道楼梯及出入口设置
防灾固定设备数
场址水文地质条件
防灾能力
防灾功能分区设置
功能及空间覆盖度
场址工程地质条件
疏散至安全区时间
安全区及避难节点设置
反恐预案
构（建）筑物最大沉降值
疏散密度
疏散表示布置间隔
设施覆盖度
构（建）筑物沉降变化速率
地下广场的设置
疏散预案
监测监控集成度
重点区域覆盖度
单一安全区救援通道设置
空间保障
物质保障
救援预案

图 7.6 安全度评价指标评价子项分解图

舒适度指标
100
主体空间尺度
通道尺度
空间丰富度
自然光引入程度
背景声场控制
混响时间
炫光控制
设计光照
人工光谱设置
温湿度控制
空气质量控制
功能多样性
休憩空间占比
休憩设施于服务设施
无障碍设施
服务时间
服务便利性
地区标志性
内部标志性
艺术品设置
空间造型
区域文化体现
表达多样性

图 7.7 舒适度评价指标评价子项分解图

便捷性指标
100
停车位配置
可达性
畅通性
出入口布置
功能实现度
接驳方式
接驳便利性
出入口距离
标志性节点距离
道路宽度
渗透性
识别性
路径数量
路径距离
路径密度
道路长度
连通设施类型
设施设备便利性
标识连续性
标识可理解性
警示与突发应对
智能化辅助设施的使用
实时化智能引导及分流

图 7.8 便捷性评价指标评价子项分解图

可持续指标
100
场地特殊风貌融合设计
运营成本降低率
场地空间协同及预留
近远期协调性
自然光照替代率
更换无损性
可再生能源供电比例
项目收益及使用率
人流增长率
雨水及杂排水利用率
节水装置及水再生利用设备
场地生态系统的保护和修复
备用设备及空间的设置
综合能耗降低率
常用设备闲置率
可循环材料、可再利用材料、利废建材及绿色建材的利用率
地下空间全寿命智能化运用

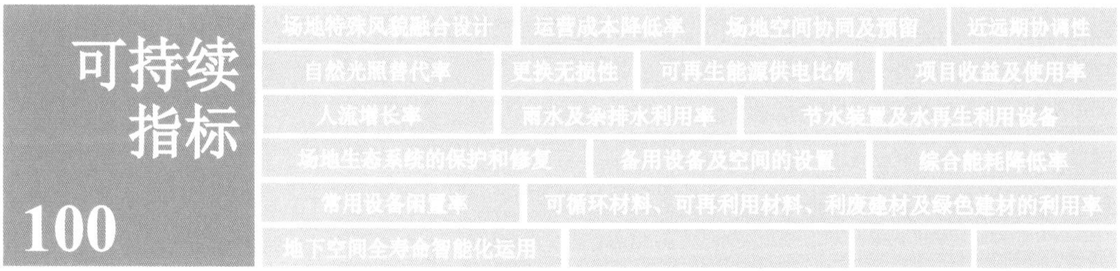

图 7.9 可持续评价指标评价子项分解图

项目评价流程如图 7.10 所示。案例评价如图 7.11—图 7.21 所示。

图 7.10　项目评价流程各步骤对应软件界面

图 7.11　武汉轨道交通 7 号线徐家棚站

图 7.12　武汉匠心汇地下商业街

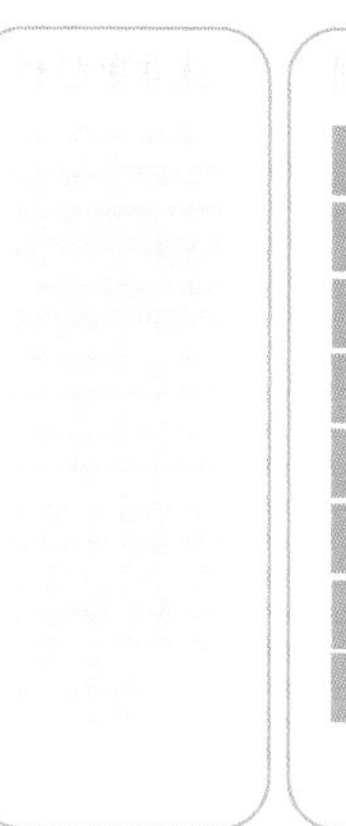

图 7.13　武汉轨道交通楚河汉街站

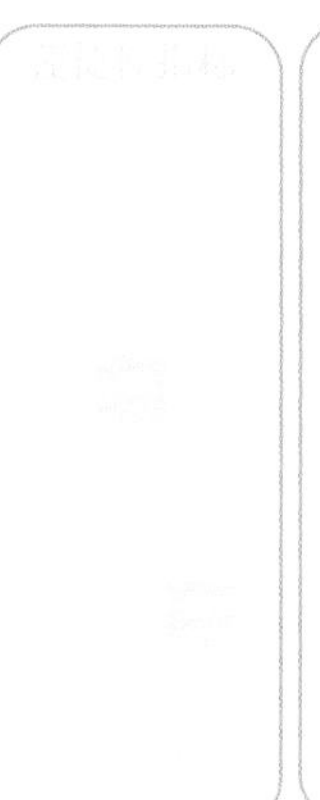

图 7.14　深圳地铁 1 号线高新园站

图 7.15　深圳地铁 1/7/9/11 号线车公庙站

图 7.16　深圳地铁 1/2 号线世界之窗站

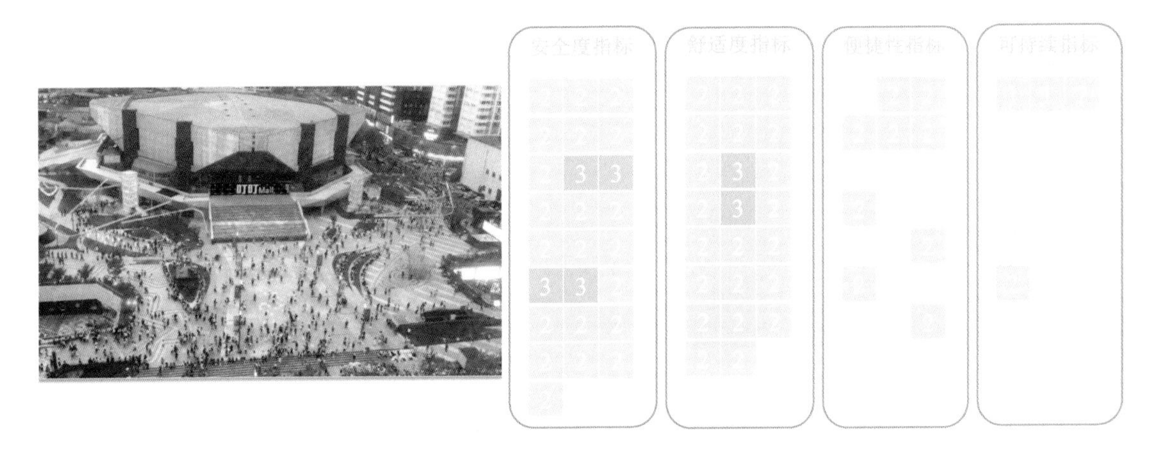

图 7.17　湖南贺龙体育馆·城市生活广场

图 7.18　上海五角场广场地下空间地下一层

图 7.19　深圳福田站地下空间

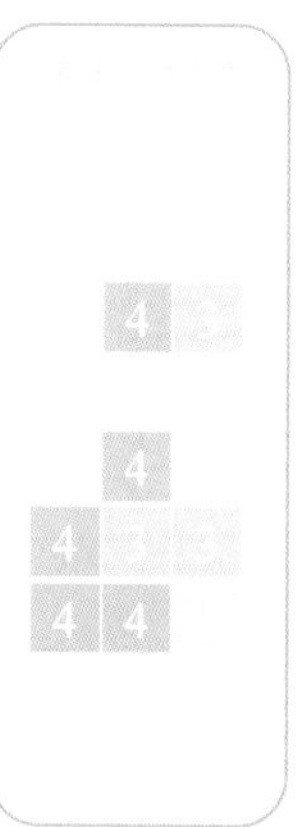

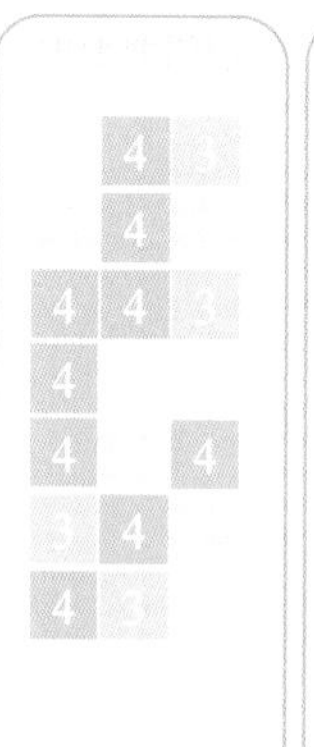

图 7.20　苏州轨道交通 3 号线狮子山路站

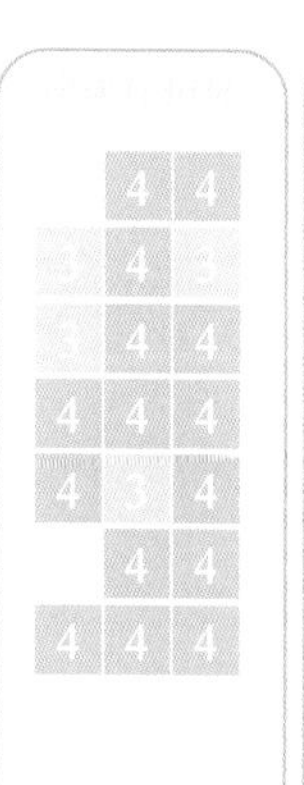

图 7.21　长沙轨道交通 4 号线湖南师大站

7.4 用户归集与分析

授权 注册

归集 分析

用户归集依赖以下四个步骤(图 7.22)：

(1) 打开 App 小程序移动端口；

(2) 微信用户授权登录；

(3) 采集用户信息；

(4) 基于既有数据框架，平台完成对用户信息的数据库归档。

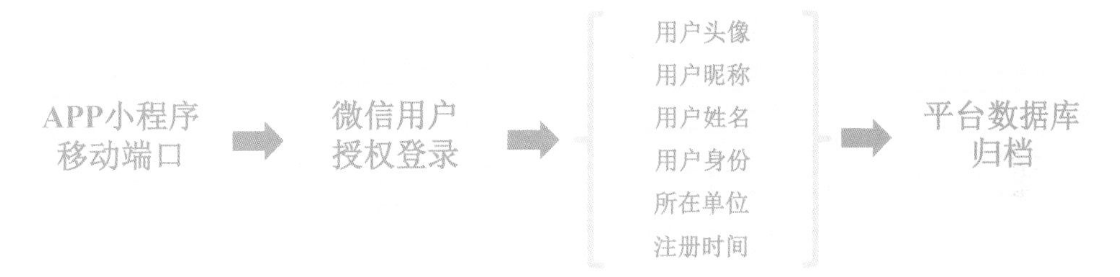

图 7.22　用户归集流程示意图

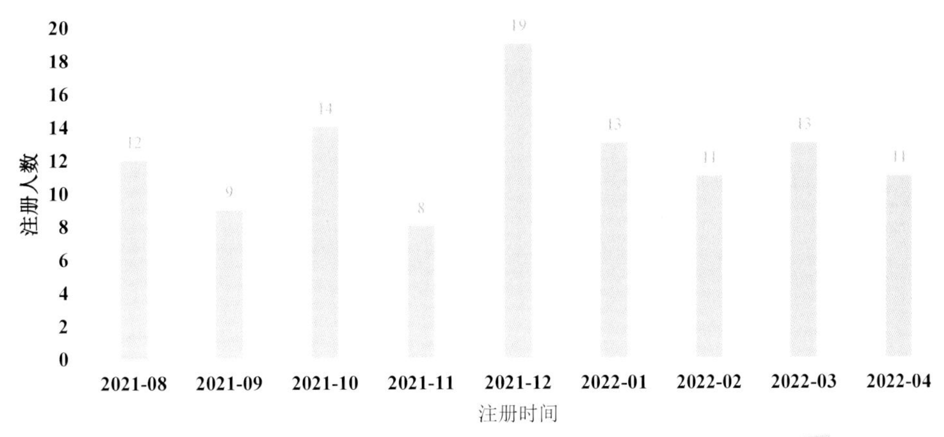

图 7.23　用户注册时间直方图

注册用户分析情况如图 7.23、图 7.24 所示。

对注册用户进行分析可以发现，新用户注册主要集中在 2021 年 12 月，该月共计有 100 个新用户完成注册，平台上线后，其他各月也均有新用户注册。在注册的新用户中，根据用户提供的信息，设计单位在其中占绝大多数，占比接近 70%。

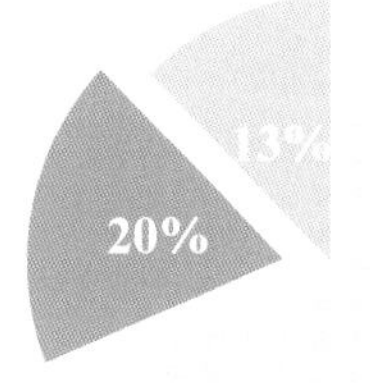

设计单位　市民用户　业主单位

图 7.24　各类用户数量分布

7.5 雄安新区东西轴线地下空间示范工程场景品质评价

雄安新区东西轴线地下空间综合利用工程

雄安新区东西轴线西起萍河，东至白沟引河，长约 22 km；南北包括中央生态景观带及周边建设地块，宽约 1 km，总设计范围约 12.6 km^2。如图 7.25—图 7.27 所示。

利用东西轴线地下空间将交通、市政公用基础设施设置于地下，充分保障地面的公共开敞空间以及绿化空间。地下空间建筑面积约 80 万 m^2。

图 7.25　雄安新区东西轴线地上节点效果图(一)
(从左至右依次为荡波泛金下沉广场、立体商业、城际穹顶、城际天幕)

图 7.26　雄安新区东西轴线地上节点效果图(二)
(从左至右依次为芦苇摇曳下沉广场、清新明亮下沉广场、水城共融下沉广场、慢行街区)

图 7.27　雄安新区东西轴线地下空间综合利用工程 VR 展示地面整体效果图

(1) 地下空间,全貌尽览。利用 VR 展示平台,为闭塞的地下空间提供开敞广袤的浏览视角,纵览整个地下空间全面布局,科技信息助力提升空间体验(题 7.28)。

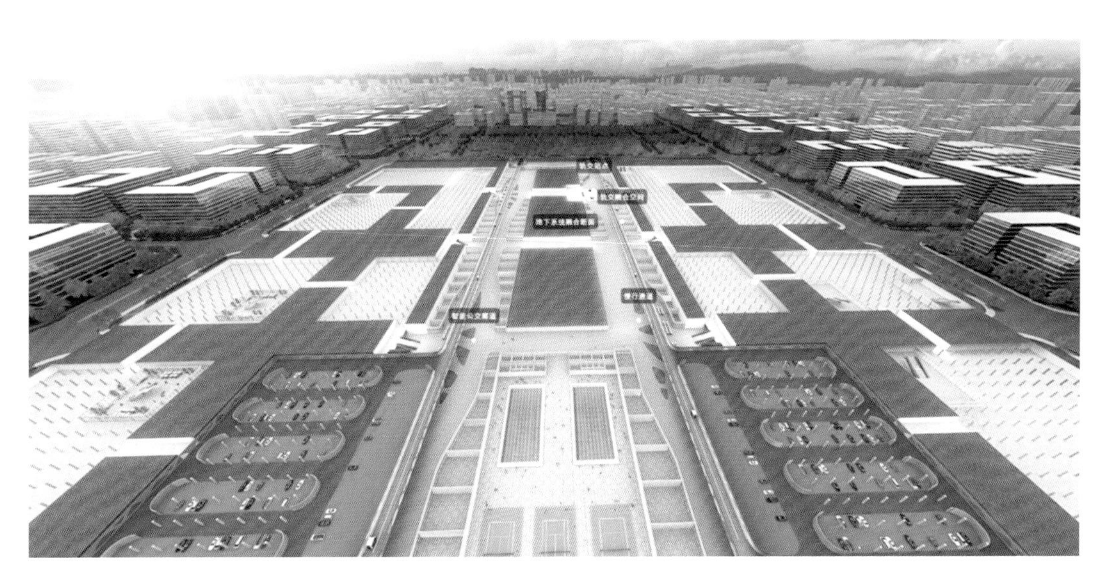

图 7.28 雄安新区东西轴线地下空间综合利用工程 VR 展示地下一层整体效果图

(2) 分层剖切,立体展示。对接城轨区域进行分层剖切、重点展示,梳理竖向布局,厘清功能脉络,能清晰展示地下空间与城市轨道交通的接驳方式,把握人群主要动向(图 7.29、图 7.30)。

图 7.29 地下系统融合断面

图 7.30 轨交站点

(3) 细部品控，尽情回味。全景影像，细节对焦。利用该平台，可以对局部细节放大观察品味，有利于进一步摸清地下空间场景的细部设计(图 7.31、图 7.32)。

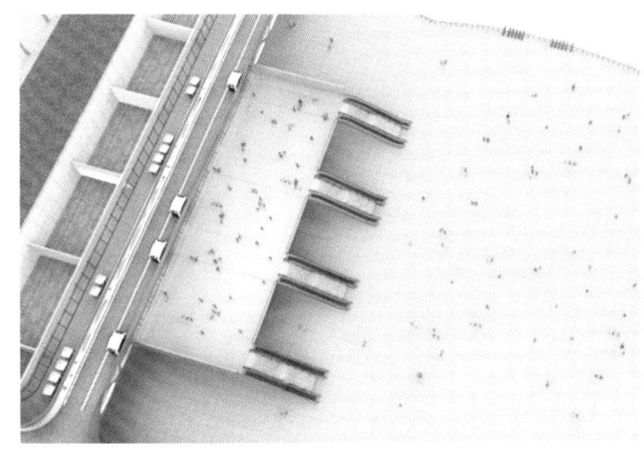

图 7.31　站厅接驳公交系统

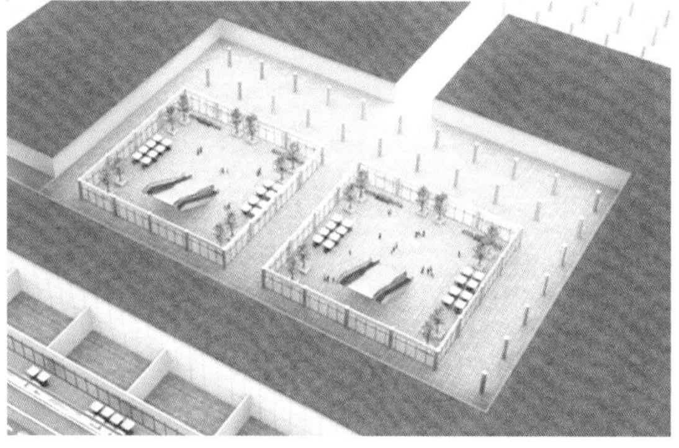

图 7.32　下沉广场

(4) 使用情景，细节体验。构建使用场景活动细节，补充完善区域构建，搭建预设使用情景，完成拟态环境。利用该平台，可以预先体验地下空间使用功能，增强熟悉感、亲密感(图 7.33—图 7.36)。

图 7.33　轨交融合空间

图 7.34　慢行步道(一)

图 7.35　慢行步道(二)

图 7.36　城际站厅

(5) 地下空间,全貌尽览。利用 VR 展示平台,进一步挖掘更深层地下空间环境,构建清晰的轨道、隧道网络,带来全新体验(图 7.37)。

图 7.37　雄安新区东西轴线地下空间综合利用工程 VR 展示地下二层整体效果图

(6) 使用情景,预先体验。还原各类交通模式使用情景,让人提前熟悉地下空间对外对内交通接驳,减轻后期指引导向、运维管理压力,可以优化地下空间内交通管理、人流管理(图 7.38、图 7.39)。

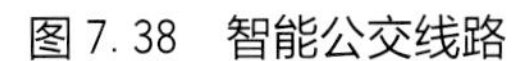

图 7.38　智能公交线路

图 7.39　慢行节点

利用该平台，易于构建地下空间系统分层，形成各关键部件标高系统，弄清区域网络结构，对建设施工进行信息补充（图 7.40）。

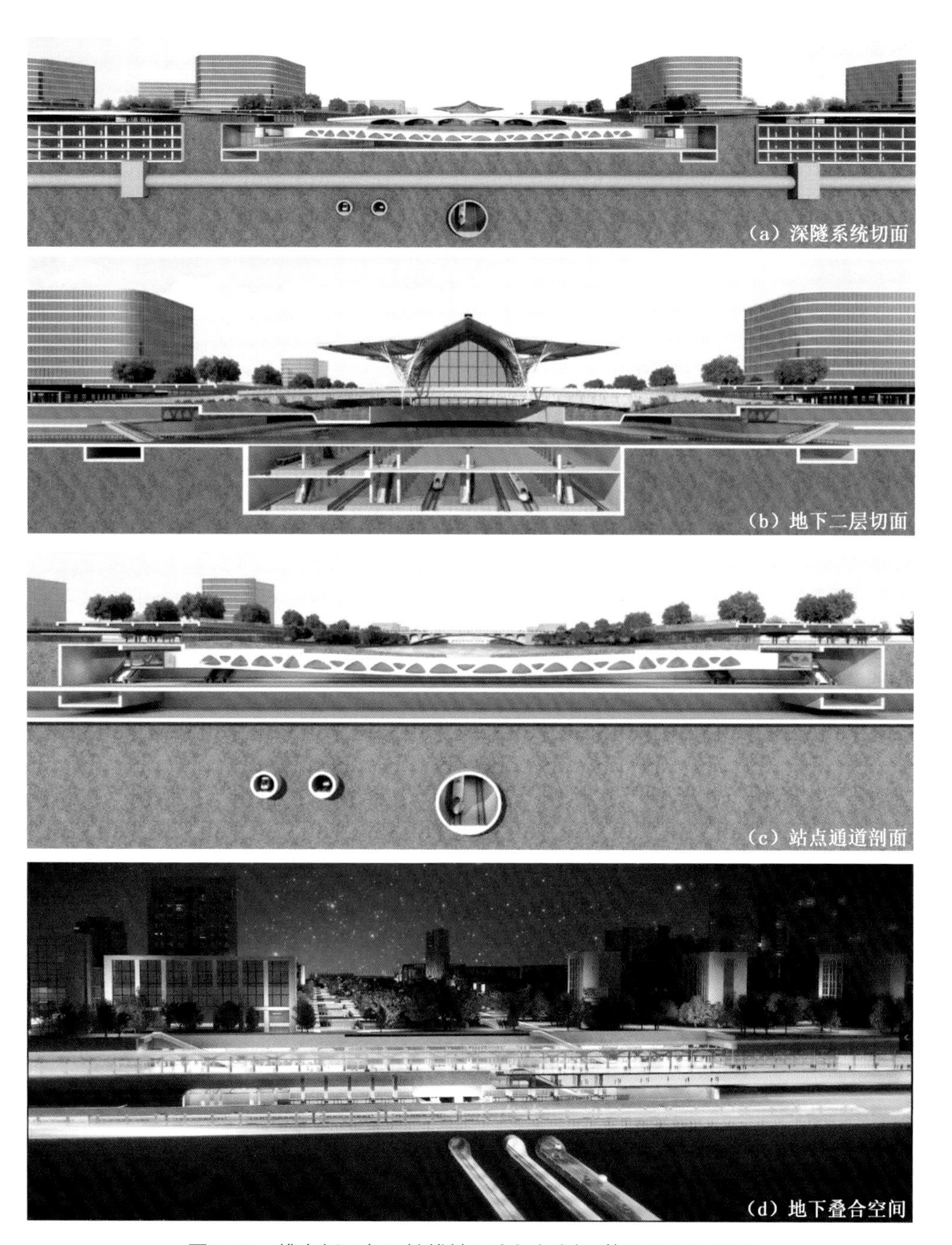

(a) 深隧系统切面

(b) 地下二层切面

(c) 站点通道剖面

(d) 地下叠合空间

图 7.40　雄安新区东西轴线地下空间规划示范工程 VR 展示

7.6 南京南部新城中片区地下空间场景品质评价

南京南部新城中片区地下空间

两区间上方公共通道红一机区间长度约 659 m，机一河区间长度约 300 m，总建筑面积约 1.9 万 m^2。三角地块内包含未出让的商办用地、市政绿地和两条道路，总用地面积约 11 万 m^2，总建筑面积约29 万 m^2。如图 7.41—图 7.45 所示。

图 7.41　南京南部新城中片区整体效果图

图 7.42　南京南部新城中片区鸟瞰(一)

图 7.43　地面景观节点效果图

图 7.44　南京南部新城中片区鸟瞰(二)

图 7.45　南京南部新城中片区人视效果图

（1）城市轴线，多向观察。对于地面的超长城市轴线空间，展示平台提供了多向观察模式，有利于使用者从鸟瞰视角把握城市尺度以及地下空间与地上空间的衔接范围（图 7.46、图 7.47）。

图 7.46　南京南部新城中片区地面层北侧鸟瞰（一）

图 7.47　南京南部新城中片区地面层北侧鸟瞰（二）

（2）细部品控，尽情回味。全方位营建地上地下对接庭院场景，精细设计院内乔木、花池、地砖、栏杆扶手、台阶等，最大程度呈现细节设计（图 7.48）。

图 7.48　南京南部新城中片区地面层北侧下沉广场效果图

(3) 地下空间,全貌尽览。利用 VR 展示平台,为闭塞的地下空间提供开敞广袤的浏览视角,纵览整个地下空间全面布局,科技信息助力提升空间体验(图 7.49)。

图 7.49　南京南部新城中片区负一层西侧整体效果图

(4) 使用情景,预先体验。构建地下空间预设场景,最大程度还原光影色彩,让人从视觉角度预先体验地下空间使用感受(图 7.50)。

图 7.50　南京南部新城中片区负一层西侧室内场景

服务

(5) 地下空间,全貌尽览。对于较复杂的地下空间,VR 展示平台能够提供多视角观察模式,按距离和方位设置多个全景观察点,最大程度帮助使用者全方面把握地下空间的全貌(图 7.51)。

图 7.51　南京南部新城中片区负一层东侧整体效果图

(6) 使用情景,预先体验。构建下沉庭院生活情景、商业模式,预估居民假日前往的意向。利用展示平台,填补地下空间营造时可能出现的体验断裂点,完善居民生活印象的连续性(图 7.52)。

图 7.52　南京南部新城中片区负一层东侧下沉广场

(7) 深层挖掘,未来城市。挖掘深层地下空间,提供全新的城市观察模式。扫除地下空间视觉障碍,完全呈现空间布局,助力构建未来城市地下规划新方法(图 7.53)。

(a) 负二层西侧整体效果

(b) 负二层东侧整体效果

(c) 负三层西侧整体效果

图 7.53　南京南部新城中片区地下空间 VR 展示

7.7 武汉光谷综合体地下空间场景评价

光谷综合体地下空间

武汉光谷广场是光谷的交通咽喉、6路相交的环岛、重要的商业中心、武汉城市地标(图7.54)。

图7.54　光谷广场整体鸟瞰

随着武汉和光谷中心的迅速发展,光谷广场的交通拥堵问题日益突出。高峰日车流量可达15万辆,人流量可达80万人次,6条道路各类型交通交织混行,拥堵严重。

规划建设的武汉光谷广场综合体,主要包含以下三个部分:①2条市政隧道;②3条地铁线、4座车站;③地下公共空间、非机动车环道。

图7.55所示为光谷综合体地下交通示意图。

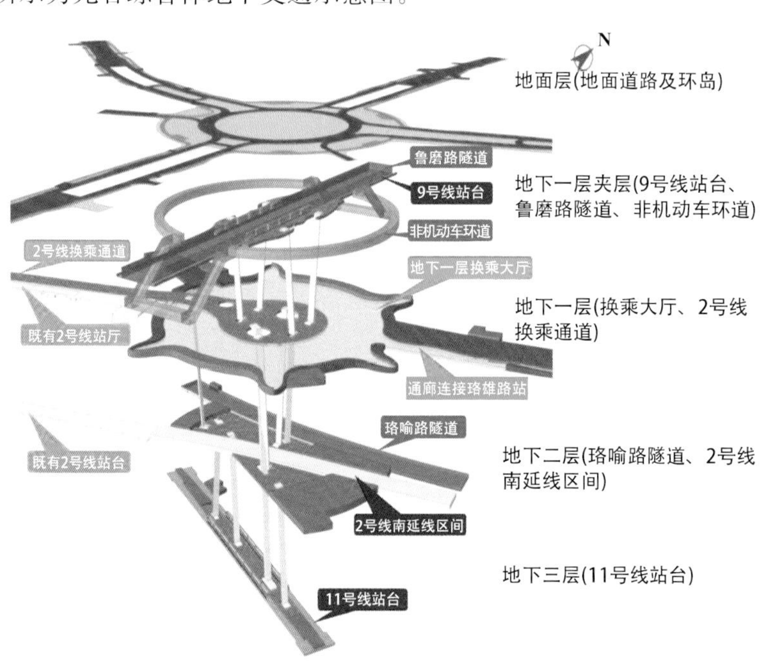

图7.55　光谷综合体地下交通示意图

（1）真实尺度，光线还原。利用布设在人眼高度的全景相机，还原地下空间使用者真实空间体验感受，有利于评价者正确把握现实尺度，感受空间氛围。对光影的捕捉加强了空间的立体性，丰富了评价者的视觉体验（图 7.56、图 7.57）。

图 7.56　光谷综合体地下换乘大厅

图 7.57　光谷综合体地下换乘大厅采光窗

（2）全面接驳，智能运维。展示平台标记了地下空间丰富全面的接驳方式，定位对接城轨系统的付费区与非付费区分界界面，并提供导向系统、空气环境系统等接口，方便评价者随时调用查阅(图 7.58)。

图 7.58　光谷综合体地下换乘大厅通道

(3) 极致色彩，丰富空间。对地下空间色彩的最大程度还原，对各出入口丰富功能空间的全面展示，可以帮助评价者对环境营造作出真实的判断(图 7.59)。

(a) 光谷综合体地下空间出入口-火

(b) 光谷综合体地下空间出入口-木

(c) 光谷综合体地下空间出入口-水

图 7.59　光谷综合体地下空间出入口

参考文献

REFERENCE

[1] 王晶晶. 活在地下的城：东京的地下空间利用与立体化设计[J]. 世界建筑导报，2012(3)：6.

[2] 李斯奇，马可·雷吉亚尼，吴绉彦. 多余的奢侈？——以东京为例的坐相关活动所需公共空间的研究[J]. 城市建筑，2018(18)：11.

[3] 施瑛，费兰. 城市综合体中公共空间设计的分析——以日本难波公园、六本木新城为例[J]. 华中建筑，2014，32(11)：5.

[4] 马克·雷吉亚尼，吴绉彦，李斯奇. 当代公共空间的嬗变——东京新宿区非正式缓冲区域的角色探索[J]. 城市建筑，2018(10)：9.

[5] ZACHARIAS J，MUNAKATA J，许玫. 东京新宿车站地下和地面步行环境[J]. 国际城市规划，2007，22(6)：6.

[6] 刘旭旸，邵楠. 地下空间规划案例：巴黎拉德方斯[J]. 国土与自然资源研究，2016(2)：3.

[7] 赵彤,高自友. 城市交通网络设计问题中的双层规划模型[J]. 土木工程学报，2003，36(1)：5.

[8] 杨涛，周伟丹. 支路网：健康城市道路体系建设的关键[J]. 规划师，2009，25(6)：5.

[9] 童林旭. 地下空间与未来城市[J]. 地下空间与工程学报，2005，1(3)：6.

[10] 王玉北，陈志龙，刘宏. 基于中国国情的地下空间开发利用引导理念[J]. 地下空间与工程学报，2006，2(B07)：6.

[11] 童林旭. 论城市地下空间规划指标体系[J]. 地下空间与工程学报，2006，2(B07)：5.

[12] 束昱，柳昆，张美靓. 我国城市地下空间规划的理论研究与编制实践[J]. 规划师，2007，23(10)：4.

[13] JIM C Y. Green-space preservation and allocation for sustainable greening of compact cities[J]. Cities，2004，21(4)：311-320.

[14] 束昱，路姗，朱黎明，等. 上海世博地下空间与低碳城市发展模式[C]//城市轨道交通关键技术论坛,2010.

[15] 王芳. 数字城市地下空间三维技术研究进展[J]. 绿色科技，2019(20)：3.

[16] 中华人民共和国住房与城乡建设部,中华人民共和国国家质量监督检验检疫总局. 绿色建筑评价标准：GB/T 50378—2019[S]. 北京：中国建筑工业出版社，2019.

[17] INSTITUTE I W B. WELL v2[S/OL]. https://www.wellcertified.com/.

[18] COUNCIL U S G B. LEED v4[S/OL]. https://leed.usgbc.org/，2013.

[19] 日本建筑物综合环境评价研究委员会. Comprehensive assessment system for building environmental efficiency[S/OL]. https://www.ibec.or.jp/CASBEE/english/.

[20] ESTABLISHMENT B R. Building research establishment environmental assessment method[S/OL]. https://www.breeam.com/, 2016.
[21] 于一凡. 法国绿色建筑指南(HQE)引介[J]. 中国建筑科学，2011.
[22] 朱洪祥. 德国 DGNB 可持续建筑评估认证体系[J]. 建设科技，2010(18)：2.
[23] 王聪，何国青，钱匡亮，等. 中德绿色建筑评价体系比较研究[J]. 重庆建筑，2021，20(10)：5.
[24] 张曼，张尧鑫，周超，等. 基于 WELL 健康建筑标准 V2 版的医疗建筑规划设计初探——以曲靖区域医疗中心建设项目为例[J]. 中国医院建筑与装备，2021，7(22)：96-100.
[25] 赵敬源，黄志勇. LEED V4 与《绿色建筑评价标准》的对比研究[J]. 西安建筑科技大学学报：自然科学版，2017，49(3)：8.
[26] 韩飞. CASBEE 与《绿色建筑评价标准》GB/T 50378—2019 的对比研究[J]. 城市建筑，2020，17(30)：3.
[27] 余磊，徐舶闻，侯佳男. 我国绿色建筑评价标准与英国 BREEAM 的比较性研究[J]. 南方建筑，2019(3)：5.
[28] 黄曼姝. 英国 BREEAM New Construction 绿色建筑评价体系研究——以 UCL 学生中心为例[J]. 中国建筑装饰装修，2021，6：116-117.
[29] 张磊，倪静，陈志刚，等. 国内外绿色建筑测评体系的分析[J]. 建筑节能，2013(1)：5.
[30] 北京市规划委员会. 地铁设计规范：GB 50157—2013[S]. 北京：中国建筑工业出版社，2013.
[31] 中华人民共和国住房和城乡建设部. 混凝土结构设计规范：GB 50010—2010[S]. 北京：中国建筑工业出版社，2010.
[32] 中华人民共和国住房与城乡建设部，中华人民共和国国家质量监督检验检疫总局. 城市轨道交通工程监测技术规范：GB 50911—2013[S]. 北京：中国建筑工业出版社，2013.
[33] 姜涛，秦斯成，宋道柱，等. 地下空间安全评价方法综述[J]. 环境工程，2015，33(S1)：661-668.
[34] 张思戬. 地铁安全施工风险因素综合评价分析研究[D]. 西安：西安理工大学，2018.
[35] 中华人民共和国住房和城乡建设部. 城市轨道交通地下工程建设风险管理规范：GB 50652—2011[S]. 北京：中国建筑工业出版社，2011.
[36] 中华人民共和国交通运输部. 公路桥梁和隧道工程施工安全风险评估指南(试行)[S]. 2011.
[37] 邓宇. 城市地下工程施工安全风险评价研究[D]. 武汉：武汉理工大学，2018.
[38] 罗贞海. 高承压水深基坑突涌事故治理实践[J]. 天津建设科技，2021，31(6)：59-61.
[39] 孙希波，钟毅，万小飞，等. 可液化地层叠落盾构隧道抗震分析及对策[J]. 都市快轨交通，2021，34(6)：98-105.
[40] 任森，邓龙胜，范文，等. 陕西富平黄土震陷特性及震陷小区划[J/OL]. 中国地质灾害与防治学报，2021：1-12.[2022-01-13]. http://kns.cnki.net/kcms/detail/11.2852.P.20210511.0858.002.html.
[41] 中华人民共和国公安部. 地铁设计防火标准：GB 51298—2018[S]. 北京：中国计划出版社，2018.
[42] 刘文婷. 城市轨道交通车站乘客紧急疏散能力研究[D]. 上海：同济大学，2008.
[43] 中华人民共和国住房与城乡建设部，中华人民共和国国家质量监督检验检疫总局. 建筑设计防火规范：GB 50016—2014[S]. 北京：中国计划出版社，2014.

[44] 中国工程建设标准化协会. 地下建筑空间声环境控制标准：CECS 371—2014[S]. 北京：中国计划出版社，2014.

[45] 中华人民共和国住房与城乡建设部,中华人民共和国国家质量监督检验检疫总局. 室内混响时间测量规范：GB/T 50076—2013[S]. 北京：中国建筑工业出版社，2013.

[46] 中华人民共和国住房和城乡建设部. 民用建筑供暖通风与空气调节设计规范：GB 50736—2012[S]. 北京：中国建筑工业出版社，2012.

[47] 国家质量监督检疫总局,卫生部,国家环境保护总局. 室内空气质量标准：GB/T 18883—2002[S].北京：中国标准出版社,2003.

[48] 中华人民共和国住房与城乡建设部,中华人民共和国国家质量监督检验检疫总局. 无障碍设计规范：GB 50763—2012[S]. 北京：中国建筑工业出版社，2012.

[48] 蔡雨杉;陈莹泽. 基于空间句法的换乘空间可达性评价方法适用性研究[J]. 建筑与文化，2022(1)：37-38.

[50] 韩婧. 公交主导型城市交通系统效能评价方法研究[D]. 南京：东南大学，2017.

[51] 北京市质量技术监督局. 城市道路交通运行评价指标体系：DB11/T 785—2011[S]. 2011.

[52] 易成敏. 城市网络化地下空间布局分析模型及高效性评价[D]. 上海：同济大学，2020.

[53] 洪小春,季翔,武波. 城市地下空间连通方式的演变及其模式研究[J]. 西部人居环境学刊，2021，36(6)：75-82.

[54] 张立宪,闻恩友,赵传昕. 基于公里格网的路网密度计算及应用[J]. 交通世界，2019(17)：6-8.

[55] 总参工程兵研三所. 地下工程防水技术规范：GB 50108—2008 [S]. 北京：中国计划出版社，2008.

[56] 陈蒙. 城市地下空间开发生态环境保护浅探[C]//新形势下环境法的发展与完善——2016 年全国环境资源法学研讨会. 2016.

[57] APPLEYARD D，LINTELL M. The environmental quality of city streets：the residents' viewpoint [J]. Journal of the American Institute of Planners，1972，38(2)：84-101.

[58] GEHL J，L ～GEMZØE. Public spaces — public life[J]. Urban Design International，1996.

[59] OTTO E R. Measuring urban design：metrics for livable places[Z].2013.

[60] 唐婧娴，龙瀛，翟炜，等. 街道空间品质的测度、变化评价与影响因素识别——基于大规模多时相街景图片的分析[J/OL]. 新建筑，2016(5)：110-115. http：//www.wanfangdata.com.cn/details/detail.do? _type = perio&id = xjz201605021.

[61] 李诗卉，杨卓，梁潇，等. 东四历史街区：基于多时相街景图片的街道空间品质测度[J]. 北京规划建设，2016(6)：39-48.

[62] MAFFEI L，MASULLO M，ALETTA F，et al. The influence of visual characteristics of barriers on railway noise perception[J/OL]. Science of The Total Environment，2013，445 - 446：41 - 47. https：//linkinghub.elsevier.com/retrieve/pii/S0048969712015689.

[63] MEILINGER T，KNAUFF M，BÜLTHOFF H H. Working memory in wayfinding-a dual task experiment in a virtual city[J]. Cognitive Science，2010，32(4)：755-770.

[64] CHOKWITTHAYA C，SAEIDI S，ZHU Y，et al. The impact of lighting simulation discrepancies

on human visual perception and energy behavior simulations in immersive virtual environment[C]// ASCE International Workshop on Computing in Civil Engineering, 2017.

[65] SUN L, TAN W, REN Y, et al. Research on visual comfort of underground commercial streets' pavement in China on the basis of virtual simulation [J]. International Journal of Pattern Recognition and Artifical Intelligence, 2020, 34(3): 1-23.

[66] YAO G, YUAN T, RUI Y, et al. Research on the scale of pedestrian space in underground shopping streets based on VR experiment [J/OL]. Journal of Asian Architecture and Building Engineering, 2021, 20(2): 138-153.

[67] SUN L, FENG L, ZHANG Y, et al. Research on correlation between underground squares' interface morphology and spatial experience based on virtual reality[J]. International Journal of Pattern Recognition and Artificial Intelligence, 2020.

[68] JIANG B, CHANG C-Y, SULLIVAN W C. A dose of nature: tree cover, stress reduction, and gender differences[J/OL]. Landscape and Urban Planning, 2014, 132: 26-36. https://www.sciencedirect.com/science/article/pii/S0169204614001832.

[69] ASPINALL P, MAVROS P, COYNE R, et al. The urban brain: analysing outdoor physical activity with mobile EEG[J]. British Journal of Sports Medicine, 2015, 49(4): 272-291.

[70] DUPONT L, ANTROP M, EETVELDE V V. Eye-tracking analysis in landscape perception research: influence of photograph properties and landscape characteristics[J]. Landscape Research, 2014, 39(4): 417-432.

[71] EGOROV A I, GRIFFIN S M, CONVERSE R R, et al. Vegetated land cover near residence is associated with reduced allostatic load and improved biomarkers of neuroendocrine, metabolic and immune functions[J]. Environmental Research, 2017, 158: 508-521.

[72] ERGAN S, RADWAN A, ZOU Z, et al. Quantifying human experience in architectural spaces with integrated virtual reality and body sensor networks [J/OL]. Journal of Computing in Civil Engineering, 2019, 33(2): 1-13. https://www.scopus.com/inward/record.uri? eid = 2-s2.0-85058303601&doi = 10.1061% 2F% 28ASCE% 29CP.1943-5487.0000812&partnerID = 40&md5 = f7f3a0091f80d1cfcd8c3c853cf49e36.

[73] SALESSES P, SCHECHTNER K, HIDALGO C A. The collaborative image of the city: mapping the inequality of urban perception[J]. PLOS ONE, 2013, 8(7): e68400.

[74] CORDTS M, OMRAN M, RAMOS S, et al. The cityscapes dataset for semantic urban scene understanding [C]//Proceedings of the IEEE Conference on Computer Vision and Pattern Recognition, 2016.

[75] DUBEY A, NAIK N, PARIKH D, et al. Deep learning the city: quantifying urban perception at a global scale[C]//European Conference on Computer Vision, 2016.

[76] ZHANG F, ZHOU B, LIU L, et al. Measuring human perceptions of a large-scale urban region using machine learning[J]. Landscape and Urban Planning, 2018, 180(August): 148-160.

[77] LONG Y, SHEN Y. Data augmented design: urban planning and design in the new data environment[J]. Shanghai Urban Planning, 2015(2): 81-87.

[78] LONG Y. Street urbanism: a new perspective for urban studies and city planning in the new data environment[J]. Time Architecture, 2016(2): 128-132.

[79] YING L, YIN Z. Pictorial urbanism: a new approach for human scale urban morphology study[J]. Planners, 2017, 33(2): 54-60.

[80] TANG J, LONG Y. Measuring visual quality of street space and its temporal variation: methodology and its application in the Hutong area in Beijing[J]. Landscape and Urban Planning, 2018, 191: 1-18.

[81] LONG Y, YE Y. Measuring human-scale urban form and its performance[J]. Landscape and Urban Planning, 2019, 191.

[82] GENG S B, LI Y, HAN X, et al. Thermal comfort model for underground engineering of China [J]. Advanced Materials Research, 2012, 516-517: 1214-1218.

[83] KIM J, GUSTAFSON-PEARCE O, OTHERS. A pilot study into users' anxiety in the London Underground network environments (for the purpose of re-designing safety information)[J]. DS 85-1: Proceedings of NordDesign 2016, Volume 1, Trondheim, Norway, 2016: 32-41.

[84] LI W J, LIAO X X, MIAO G Y, et al. Analysis on built environment in underground shopping malls in Chongqing in P.R. China[J]. Advanced Materials Research, 2012, 599: 233-236.

[85] DUNLEAVY G, BAJPAI R, COMIRAN TONON A, et al. Prevalence of psychological distress and its association with perceived indoor environmental quality and workplace factors in under and aboveground workplaces[J]. Building and Environment, 2020, 175: 106799.

[86] KRAUS M. Color as a psychological agent to perceived indoor environmental quality[J]. Conference Series: Materials Science and Engineering, 2019, 603(5): 52097.

[87] YILDIRIM K, HIDAYETOGLU M L, CAPANOGLU A. Effects of interior colors on mood and preference: comparisons of two living rooms[J]. Perceptual and Motor Skills, 2011, 112(2): 509-524.

[88] YILDIRIM K, AKALIN-BASKAYA A, HIDAYETOGLU M L. Effects of indoor color on mood and cognitive performance[J]. Building and Environment, 2007, 42(9): 3233-3240.

[89] NAZ A, KOPPER R, MCMAHAN R P, et al. Emotional qualities of VR space[C]//2017 IEEE Virtual Reality (VR), 2017.

[90] YAO G, YUAN T, RUI Y, et al. Research on the scale of pedestrian space in underground shopping streets based on VR experiment [J]. Journal of Asian Architecture and Building Engineering, 2021, 20(2): 138-153.

[91] YU H, KO B, KOGA T, et al. Validation of the predictive equation for spatial brightness in an experimental space[J]. Architectural Science Review, 2019, 62(6): 493-506.

[92] DUFF J, KELLY K, CUTTLE C. Spatial brightness, horizontal illuminance and mean room surface

exitance in a lighting booth[J]. Lighting Research & Technology, 2017, 49(1): 5-15.

[93] KIM J, CHA S H, KOO C, et al. The effects of indoor plants and artificial windows in an underground environment[J/OL]. Building and Environment, 2018, 138: 53-62. https://www.sciencedirect.com/science/article/pii/S0360132318302403.

[94] NAIK N, PHILIPOOM J, RASKAR R, et al. Streetscore — predicting the perceived safety of one million streetscapes[Z].2014.

[95] HERBRICH R, MINKA T, GRAEPEL T. TrueSkill(TM): a bayesian skill rating system[J]. Advances in Neural Information Processing Systems, 2006, 20: 569-576.

[96] YAO Y, LIANG Z, YUAN Z, et al. A human-machine adversarial scoring framework for urban perception assessment using street-view images [J]. International Journal of Geographical Information Science, 2019, 33(12): 2363-2384.

[97] DENG Y, YU Y. Self-feedback image retrieval algorithm based on annular color moments[J]. Eurasip Journal on Image & Video Processing, 2019.

[98] BORA D, GUPTA A, KHAN F. Comparing the performance of L*A*B* and HSV color spaces with respect to color image segmentation[J]. Computer Science, 2015.

[99] MINDRU F, MOONS T, GOOL L V. Color-based moment invariants for viewpoint and illumination independent recognition of planar color patterns[J]. Springer London, 1999.

[100] HEARST M, DUMAIS S T, OSMAN E, et al. Support vector machines[J]. Intelligent Systems and their Applications, IEEE, 1998, 13: 18-28.

[101] BREIMAN L. Random forests[J]. Machine Learning, 2001, 45(1): 5-32.

[102] VASWANI A, SHAZEER N, PARMAR N, et al. Attention is all you need[C]//GUYON I, LUXBURG U V, BENGIO S, et al. Advances in Neural Information Processing Systems. Curran Associates, Inc., 2017. https://proceedings.neurips.cc/paper/2017/file/3f5ee243547dee91fbd053c1c4a845aa-Paper.pdf.

[103] DOSOVITSKIY A, BEYER L, KOLESNIKOV A, et al. An image is worth 16x16 words: transformers for image recognition at scale[J/OL]. https://arxiv.org/abs/2010.11929.

[104] 张愚，王建国. 再论“空间句法”[J]. 建筑师，2004(3)：12.

[105] 朱东风. 基于空间句法(Spacesyntax)分析的城市内部中心性研究——以苏州为例[J]. 现代城市研究，2006，21(12)：8.

[106] 张红，王新生，余瑞林. 空间句法及其研究进展[J]. 地理空间信息，2006，4(4)：3.

[107] 余伟平. 空间句法在城市形态分析中的应用[C]//华东地区测绘学术交流大会，2007.

[108] 杨滔. 空间句法：从图论的角度看中微观城市形态[J]. 国外城市规划，2006，21(3)：5.

[109] HILLIER B, HANSON J. The Social Logic of Space[M]. The Social Logic of Space, 1984.

[110] 王静文，朱庆，毛其智. 空间句法理论三维扩展之探讨[J]. 华中建筑，2007，25(8)：6.

[111] 刘钟文. 基于空间句法的商业街区外部空间构形分析[D]. 成都：西南交通大学，2014.

[112] 彭益旻. 基于空间句法的商业综合体与城市过渡空间研究——以成都市为例[D]. 成都：西南交通

大学，2015.

[113] 蔡少坤. 基于空间句法的建筑空间量化分析与验证[D]. 郑州：郑州大学，2014.

[114] 车震宇，张熹，孙志方. 基于空间句法的乡村地区旅游小城镇节点空间研究——以丽江束河古镇为例[J]. 华中建筑，2014，32(11)：5.

[115] 郭昊栩，李颜，邓孟仁，等. 基于空间句法分析的商业体空间人流分布模拟[J]. 华南理工大学学报：自然科学版，2014，42(10)：7.

[116] 李秋芳，李仁杰，傅学庆，等. 基于空间句法的城市立体交通通达性模型及其应用——以石家庄市为例[J]. 地理与地理信息科学，2015，31(2)：6.

[117] 袁盈. 基于空间句法的历史商业街区空间形态研究[D]. 泉州：华侨大学，2013.

图书在版编目(CIP)数据

城市地下空间品质评价体系 / 雷升祥等编著. --上海：同济大学出版社，2022.12

ISBN 978-7-5765-0228-2

Ⅰ.①城… Ⅱ.①雷… Ⅲ.①城市空间-地下建筑物-品质-评价 Ⅳ.①TU984.11

中国版本图书馆 CIP 数据核字(2022)第 078541 号

城市地下空间品质评价体系

System of Quality Evaluation for Urban Underground Space

雷升祥　李文胜　李　庆　丁正全　周　彪　**编著**

责任编辑：李　杰
责任校对：徐逢乔
封面设计：王　翔

出版发行　同济大学出版社　www.tongjipress.com.cn
（地址：上海市四平路 1239 号　邮编：200092　电话：021-65985622）
经　　销　全国各地新华书店、建筑书店、网络书店
排版制作　南京月叶图文制作有限公司
印　　刷　上海安枫印务有限公司
开　　本　787mm×1092mm　1/16
印　　张　15
字　　数　374 000
版　　次　2022 年 12 月第 1 版
印　　次　2022 年 12 月第 1 次印刷
书　　号　ISBN 978-7-5765-0228-2
定　　价　150.00 元